高等职业教育创新型系列教材

AIGC人工智能创作 项目化教程

主编　林剑谊　潘　蕾　谢明梅

北京理工大学出版社
BEIJING INSTITUTE OF TECHNOLOGY PRESS

版权专有　侵权必究

图书在版编目（CIP）数据

AIGC 人工智能创作项目化教程 / 林剑谊，潘蕾，谢明梅主编 . -- 北京 : 北京理工大学出版社，2024. 6（2024. 8 重印）.

ISBN 978-7-5763-4260-4

Ⅰ. TP18

中国国家版本馆 CIP 数据核字第 2024PQ8850 号

责任编辑：陈莉华　　文案编辑：李海燕
责任校对：周瑞红　　责任印制：施胜娟

出版发行 / 北京理工大学出版社有限责任公司
社　　址 / 北京市丰台区四合庄路 6 号
邮　　编 / 100070
电　　话 /（010）68914026（教材售后服务热线）
　　　　　（010）68944437（课件资源服务热线）
网　　址 / http：//www. bitpress. com. cn

版 印 次 / 2024 年 8 月第 1 版第 2 次印刷
印　　刷 / 河北盛世彩捷印刷有限公司
开　　本 / 787 mm × 1092 mm　1/16
印　　张 / 13
字　　数 / 251 千字
定　　价 / 39.80 元

图书出现印装质量问题，请拨打售后服务热线，负责调换

前 言

2024年《政府工作报告》提出，要大力推进现代化产业体系建设，加快发展新质生产力。充分发挥创新主导作用，以科技创新推动产业创新，加快推进新型工业化，提高全要素生产率，不断塑造发展新动能新优势，促进社会生产力实现新的跃升。要深化大数据、人工智能（下称 AI）等研发应用，开展“人工智能 +”行动，打造具有国际竞争力的数字产业集群。AI 作为一种发展潜力巨大、对传统产业可能带来颠覆性变革的新兴技术，有望成为新质生产力的重要引擎。生成式人工智能（下称 AIGC）正逐渐改变着商业内容的生产方式与格局。商业活动本质上是一个信息传递与价值交换的过程，而内容创作作为商业信息传递的核心环节，其质量和效率直接关系到企业的市场竞争力和品牌形象。传统的商业内容创作往往依赖人工采集、编辑和审核，过程烦琐且耗时。而 AIGC 利用深度学习和自然语言处理等先进技术，能够迅速分析内容创作者的需求，高效生成文案图像、视频、数字人等内容，为商业内容创新注入了新的活力，降低了企业的运营成本。同时结合数据分析，AIGC 还能在市场趋势、消费者需求不断更新情况下保持创新，提高企业竞争力，因此 AIGC 的意义深远而重大。

“AIGC 人工智能创作”正是为了满足“人工智能 +”行动的要求而开设的课程，可以作为网络编辑、网络营销、视觉营销设计、短视频设计与制作等相关课程的拓展与深化。该课程目前已在智慧职教 MOOC 开设线上课程，面向全社会开展线上教学。配套教材《AIGC 人工智能创作项目化教程》分析了现行主流的 AIGC 平台，根据当前最新行业发展现状，将 AIGC 业务流程重构为教学项目，形成了本教材的主体框架，并按课程标准编写了本教材。本教材调研国内外众多人工智能相关的工具，应用到商业应用场景中，并归纳总结有效的任务实施案例。任务案例由浅入深，站在商业应用角度分析对内容的需求，从而引发内容创作的初衷。认识 AIGC 的工具特点、操作技巧、输出作品、延伸高阶用法，并通过拓展阅读，让书籍知识不止停留在当下。

本教材穿插了许多与教学内容相关联的学习目标、案例引入、知识学习、任务实训、拓展阅读、素养园地、项目评价等模块，便于学生阅读和教师使用。本教材经过精心策划和编写，形成了以下特色：

一、任务设计导图引导构建项目化教材

在每个项目的前部加入了项目导图，让读者对本章内容的逻辑结构一目了然，同时突出任务导向，以 7 个项目 19 个任务为载体，依次介绍依托 AIGC 平台创作文案、图片、视频，以及开展智能办公、数字人直播等。

二、利用信息化手段打造新形态教材

积极贯彻二十大精神，选取符合专业方向的适当案例和拓展资料，结合现在线上教育的趋势，利用信息化手段，把这些内容以二维码的形式加入教材中，读者用手机扫描即可观看和阅读扩展的内容。教师亦可加入在线开放课程教师团队，利用在线开放课程辅助教学。

三、企业真实案例引入体现产教融合

此次编写团队中加入了具有丰富实践经验的企业一线从业人员，加入了大量的商业真实案例，以增强本教材内容的实用性。作者团队由高校教师与企业专家共同构成，其中高校主编是电子商务专业的负责人、骨干教师，企业主编具有多年电子商务策划与运营落地经验，将 AIGC 技术赋能多家电商、新媒体企业。参编教师全部为双师型骨干教师。

四、课程思政因素融入内容

本教材以学生全面发展为目标，将二十大精神融入课程思政，将社会主义核心价值观、中华优秀传统文化、工匠精神、劳动观念融入知识传递和能力培养。既有“素养园地”等显性课程思政案例，也有贯穿于任务实训等内容的隐性课程思政，达到润物细无声的作用。以立德树人为根本任务，强化产教融合，促进教育链、人才链与产业链有机结合。

五、岗课赛证融通

本教材可以适用于本科、高职等院校教学，也可以用于作为考取人工智能训练师、人工智能数据运营职业能力认证等相关证书的考试辅导用书。

本教材是福建省高水平专业群现代物流管理专业群的建设成果，教材配套课程已列入福州职业技术学院校级教学资源库。本教材配置学习交流社群，读者可加入社群持续探讨 AIGC 相关领域知识，鼓励读者不断创新应用技巧、创新内容思维，从而保持职场竞争力。

本教材由福州职业技术学院林剑谊、潘蕾以及福州职业技术学院外聘教师兼福州创希信息科技有限公司总经理谢明梅担任主编，林剑谊进行了全书统稿。本教材编写过程中得到了北京理工大学出版社工作人员的热情帮助，也得到了福州小智未来科技教育有限公司、加与减（广州）品牌管理有限公司等人工智能企业的大力支持，谨表感谢。

由于 AI 技术发展迅速，日新月异，这给教材的编写者带来了比较大的挑战。在这个过程中，虽然我们力求完美，但也可能存在某些纰漏和不足之处。我们深知这一点，并非常欢迎各位提出宝贵的批评和建议，助力我们及时修正并改进教材，一起让有价值的内容得以展示。

本教材中任务实训所对应的视频，可进入“智慧职教＋”手机APP查看。使用APP扫码以下课程二维码或搜索课程编码，提交“加入班级申请”审核通过后即可观看。

AIGC人工智能创作开放班级（班级邀请码：64HJJg）

请使用“智慧职教＋”APP扫码进班。

编　者

目 录

项目一

认识人工智能与人工智能内容生成

【知识目标】

（1）了解人工智能（即 AI）及其技术应用。

（2）理解生成式人工智能（即 AIGC）的含义。

（3）熟悉 AIGC 的应用领域。

（4）理解 AIGC 工具主流的模型。

【技能目标】

（1）能够调研 AIGC 工具及其发展情况。

（2）能够使用主流的 AIGC 工具。

【素质目标】

（1）培养学生的好奇心，对新技术、新工艺的热情。

（2）能够使用马克思主义哲学，即辩证唯物主义和历史唯物主义看待新生事物。

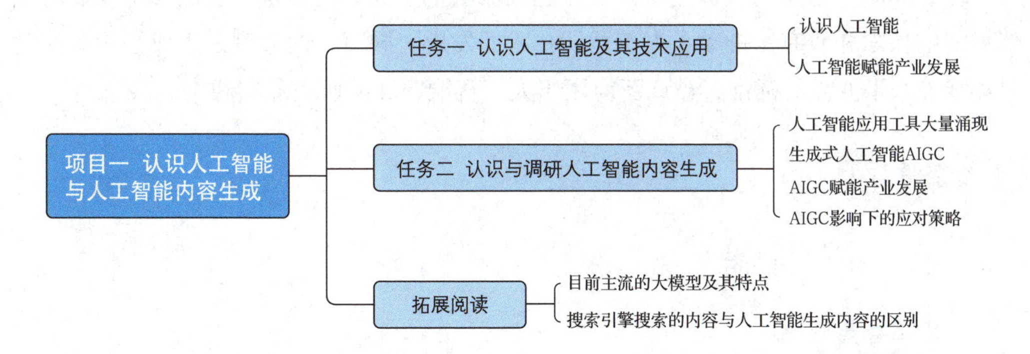

任务一　认识人工智能及其技术应用

【案例引入】

图灵测试

图灵测试是由被称为计算机之父的艾伦·麦席森·图灵提出，是一种测试机器是否具备人类智能的方法。该测试的核心思想是，如果一台机器在与人类的对话中，能够让对话者无法区分其是人类还是机器，那么这台机器就通过了测试，并被认为具有人类智能。

图灵测试是一种行为测试，即根据机器的行为表现来判断其是否具有智能。在测试中，测试者（一个人）与被测试者（一台机器）隔开，通过一些装置（如键盘）向被测试者随意提问。进行多次测试后，如果被测试者让平均每个测试者做出超过 30% 的误判，那么这台机器就通过了测试，并被认为具有人类智能。

图灵测试是一种理想化的测试，实际上很难实现。因为机器和人类的思维方式和行为表现有很大的差异，机器很难完全模拟人类的行为。同时，测试者的主观因素也会对测试结果产生影响。因此，图灵测试更像是一种概念和思想，而非一种实用的测试方法。

尽管如此，图灵测试仍然对人工智能领域产生了深远的影响。它激发了人们对机器智能的探索和研究，推动了人工智能技术的发展。同时，图灵测试也成了一个衡量机器智能水平的重要标准，被广泛应用于人工智能领域的研究和实践中。

【知识学习】

一、认识人工智能

1. 人工智能概念

人工智能（Artificial Intelligence，简称 AI）是一门技术科学，其目的是研究和开发能够模拟、延伸和扩展人的智能的理论、方法、技术及应用系统。人工智能是计算机科学的一个分支，其研究领域包括机器学习、计算机视觉、自然语言处理和专家系统等。人工智能旨在让机器能够胜任一些通常需要人类智能才能完成的复杂工作。根据智力水平的不同，人工智能可分为弱人工智能和强人工智能。弱人工智能能够模拟人类某方面智能，而强人工智能则能像人类一样思考和决策。人工智能是一门交叉学科，结合了数学、计算机科学、心理学、哲学等多个学科的理论和技术。

可以说，人工智能是一门从计算机发展开始就出现的技术科学，不同于之前的AI更多停留在技术学问层面，仅应用于少数顶尖科技领域，如今AI技术应用日趋成熟，可应用于现代服务业，服务于日常工作与生活，从而爆发出强大技术魅力。

2. 人工智能的发展

人工智能的发展经历了多个阶段，每个阶段都有其独特的技术特点和重要成果。以下是人工智能发展的主要阶段及其时间和技术特点：

（1）起步阶段（1950年）。

时间：大约从1950年开始，人工智能的概念开始萌芽。

技术特点：在这个阶段，人工智能主要关注逻辑推理和符号处理。研究者们试图通过符号逻辑来模拟人类的思考过程。例如，艾伦·图灵提出了图灵测试，用于评估机器是否具有智能。同时，一些简单的专家系统也开始出现，这些系统能够模拟特定领域专家的知识和推理过程。

（2）知识表示与推理阶段（1960—1970年）。

时间：从1960年到1970年，人工智能进入了知识表示与推理阶段。

技术特点：在这个阶段，研究者们开始关注如何有效地表示和推理知识。他们开发了各种知识表示方法，如产生式规则、语义网络、框架等。同时，基于这些知识表示方法的推理系统也得到了广泛研究和应用。这些推理系统能够根据已知的事实和规则推导出新的结论或行动计划。

（3）知识工程与应用阶段（1980年）。

时间：从1980年开始，人工智能进入了知识工程与应用阶段。

技术特点：在这个阶段，人工智能开始与其他领域结合，形成了一系列应用系统。例如，专家系统开始广泛应用于医疗、金融、教育等领域。同时，随着机器学习技术的发展，人工智能也开始具备从数据中学习并改进自身性能的能力。此外，自然语言处理、计算机视觉等领域也取得了显著进展。

（4）深度学习与大数据阶段（2000年至今）。

时间：从2000年开始，人工智能迎来了深度学习与大数据的浪潮。

技术特点：在这个阶段，深度学习技术取得了突破性的进展。通过模拟人脑神经元的连接方式，深度学习模型能够自动提取输入数据中的特征并进行复杂的非线性变换。这使人工智能在图像识别、语音识别、自然语言处理等领域取得了显著的性能提升。同时，随着大数据技术的发展，人工智能能够处理和分析海量数据，从而进一步提升其性能和应用范围。

3. 人工智能技术区别于传统的计算机技术的特点

人工智能技术区别于传统的计算机技术的特点主要体现在以下几个方面：

（1）数据驱动：人工智能系统通常依赖于大量数据进行学习和训练。这些数据可

以来自不同的来源和领域，通过机器学习算法对这些数据进行分析和挖掘，人工智能能够自动提取有用的信息和特征。

（2）自适应与进化：人工智能系统通常具有一定的自适应和进化能力。它们能够根据环境的变化和新的数据输入调整自身的参数和结构，从而不断提升自身的性能。这种自适应和进化能力使人工智能系统能够应对复杂多变的任务和环境。

（3）交叉融合：人工智能是一门交叉学科，它结合了数学、计算机科学、心理学、哲学等多个学科的理论和技术。这种交叉融合的特点使人工智能能够借鉴不同领域的知识和方法来解决复杂的问题。

（4）创新应用：人工智能在各个领域都有广泛的应用前景。它可以应用于智能制造、智能家居、智慧医疗、智能交通等领域，提高生产效率、改善生活质量、推动社会进步。同时，随着技术的不断发展和创新，人工智能还将涌现出更多新的应用场景和商业模式。

二、人工智能赋能产业发展

随着科技的飞速发展，人工智能（AI）已经成为引领第四次工业技术革命的核心力量。这场革命不仅重塑了工业生产流程，还改变了商业运作模式，推动了社会经济的持续进步。

1. 工业技术革命的重要转折特点

回顾前三次工业革命，都是基于某种核心技术的出现和普及，如蒸汽机、电力和计算机。第四次工业革命，预计是以人工智能为核心，融合数字化、互联网、物联网和大数据等多种技术。这种综合性的技术变革，使第四次工业革命的影响范围更加广泛和深远。

第一次工业革命：这场革命大约从 18 世纪 60 年代开始，以蒸汽机的广泛使用为标志。它导致了从手工业到机械化生产的转变，大大加强了世界各地的联系，推动了资本主义的发展。英国在这场革命中扮演了关键角色，迅速成为世界霸主。

第二次工业革命：从 19 世纪 70 年代开始，以电力、内燃机、飞机和汽车的发明为标志。这次革命使人类进入了电气时代，资本主义国家在经济、文化、政治和军事等方面都经历了巨大的变革。美国和德国在这场革命中迅速崛起，世界市场逐渐形成。

第三次工业革命：始于二战后，主要以计算机、原子能、航空航天和遗传工程等技术的发展为代表。这次革命使人类进入了信息时代，不仅推动了社会经济、政治和文化领域的变革，还深刻影响了人们的日常生活方式。

第四次工业技术革命：是以数字化、互联网、物联网、大数据和人工智能等技术为基础的一场全面变革。与前三次工业革命相比，第四次工业革命更加注重信息化、智能化和网络化，旨在实现工业生产的高度自动化和智能化。人工智能作为这场革命

的核心驱动力，正在引领着全球工业和商业领域的变革。

2. 人工智能对工业的影响

生产自动化与智能化：人工智能通过机器学习和深度学习等技术，使生产设备能够自主完成复杂任务，实现生产过程的自动化和智能化。这不仅提高了生产效率，降低了人力成本，还使企业能够更灵活地应对市场变化。

供应链管理优化：人工智能可以分析供应链中的大量数据，预测市场需求，优化库存管理，提高物流效率。这有助于降低企业运营成本，提高市场竞争力。

定制化生产：借助人工智能技术，企业可以实现小批量、高效率的定制化生产，满足消费者日益个性化的需求。这有助于企业拓展市场份额，提高品牌影响力。

绿色可持续发展：人工智能可以帮助企业实现节能减排、资源循环利用等目标，推动绿色可持续发展。这对于应对全球环境挑战、实现可持续发展具有重要意义。

3. 人工智能对商业的影响

商业模式创新：人工智能的应用推动了商业模式的创新。例如，通过智能推荐和个性化服务，电商平台能够为用户提供更加精准的产品推荐和购物体验；智能客服和自助服务则提高了客户满意度和服务效率。

市场拓展与消费者行为分析：人工智能可以分析消费者行为和市场趋势，为企业提供精准的市场分析和预测。这有助于企业发现新的市场机会，拓展市场份额。

智能营销与广告投放：通过人工智能技术，企业可以实现精准营销和广告投放，提高营销效果和转化率。这有助于降低营销成本，提高企业盈利能力。

智能客户服务：人工智能可以提供24小时在线的客户服务，解决用户的疑问和问题。这不仅提高了客户满意度，还为企业节省了大量的人力成本。

如表1-1所示为人工智能赋能产业发展应用示例。

表1-1　人工智能赋能产业发展应用示例

行业	赋能产业	具体示例	影响与作用
农业	精准农业、智慧农业	农业大数据平台	无人机、卫星遥感、物联网等收集农田数据，提供个性化种植建议；精准施肥、灌溉和病虫害预测，提高产量和质量，降低化肥和农药使用，保护环境
民生工业	提高生产效率、产品质量	智能制造系统	实时监控生产线，预测设备故障，优化生产流程，提高生产效率
汽车制造业	自动驾驶、智能导航、故障诊断	自动驾驶系统	通过AI算法处理车载数据，实现自主驾驶，提高安全性和降低驾驶疲劳
医疗健康行业	数据分析辅助诊断、患者管理；药物研发、基因工程	医疗影像分析系统	结合数据分析医学影像，辅助医生诊断，提高诊断效率；AI还可以分析患者的基因数据，为个性化治疗提供依据
金融行业	AI风险评估、投资决策、客户服务	智能投顾系统	通过大数据分析和机器学习算法，分析市场数据、客户数据，提供个性化投资建议，提高风险管理效率和客户满意度

课堂笔记

续表

行业	赋能产业	具体示例	影响与作用
教育行业	个性化教学智能评估、在线学习	智能教学平台	分析学生学习数据，提供个性化学习建议和资源推荐；帮助教师进行教学辅助和评估，提高教学效率
零售行业	智能推荐、供应链管理、客户服务	智能推荐系统	分析消费者购物数据，提供个性化商品推荐，优化库存管理和供应链

人工智能对工业和商业领域产生了深远的影响，但我们也必须面对其带来的挑战。数据安全、隐私保护、伦理道德等问题日益凸显，需要我们加强监管和规范，确保人工智能的健康发展。人工智能的兴起标志着第四次工业技术革命的到来。面对这场深刻的变革，我们应该积极拥抱新技术、探索新应用、创新商业模式，以应对未来的挑战和机遇。

【任务实训】

认识人工智能及其技术应用（知识巩固小测试）

请根据知识学习内容，完成以下单项选择题。

（1）人工智能研究领域包括机器学习、计算机视觉、（　　）和专家系统等。

A. 图形计算系统

B. 自然语言处理

C. 导航系统

D. 计算机语义

（2）人工智能的发展经历了多个阶段，起步于（　　）。

A.1900 年

B.1950 年

C.1960 年

D.1980 年

（3）以下说法不正确的是（　　）。

A. 第四次工业革命，预计是以人工智能为核心，融合数字化、互联网、物联网和大数据等多种技术

B. 第二次工业革命，从 19 世纪 70 年代开始，以蒸汽机的广泛使用为标志

C. 第三次工业革命，始于二战后，主要以计算机、原子能、航空航天和遗传工程等技术的发展为代表

D. 第四次工业革命，不仅重塑了工业生产流程，还改变了商业运作模式，推动了社会经济的持续进步

（4）以下不属于人工智能技术特点的是（　　）。

A. 数据驱动

B. 自适应与进化

C. 交叉融合

D. 搜索引擎

（5）以下说法不正确的是（　　）。

A. 人工智能是属于计算机科学，其研究领域包括机器学习、计算机视觉、自然语言处理和专家系统等

B. 根据智力水平的不同，人工智能可分为弱人工智能和强人工智能

C. 人工智能是一门交叉学科，结合了数学、计算机科学、心理学、哲学等多个学科的理论和技术

D. 人工智能系统主要是技术支撑，与大数据无关

任务二　认识与调研人工智能内容生成

一、人工智能应用工具大量涌现

人工智能（AI）应用工具在全球范围内呈现出大量涌现的态势。无论是日常生活的方方面面，还是各行各业的业务流程，AI 的影子都随处可见。从智能语音助手、自动驾驶汽车，到智能医疗诊断、金融风险评估，再到工业自动化、智能教育等，AI 技术正以前所未有的速度改变着我们的世界。

1. 人工智能应用工具大规模涌现的原因

（1）技术发展。

人工智能技术，尤其是机器学习和深度学习，在过去十年里取得了飞速的发展。深度学习模型能够处理和识别图像、语音、文本等复杂数据，提供了更加精准和高效的解决方案。例如，卷积神经网络（CNN）和循环神经网络（RNN）的发展极大地推动了计算机视觉和自然语言处理（NLP）的应用。这些技术进步不仅扩大了 AI 的应用范围，也提高了其在特定任务上的表现。

（2）数据可用性。

数据是训练 AI 模型不可或缺的资源。随着互联网和移动设备的普及，海量的数据被生成和收集，提供了训练和优化 AI 模型的基础。社交媒体、电子商务、在线内容等产生的数据成为 AI 研究和应用的宝贵资料。同时，开源数据集的发布也为 AI 研究提供了助力，降低了入门门槛，促进了全球范围内的技术发展。

（3）计算能力提升。

人工智能模型，特别是深度学习模型，对计算资源的需求极高。过去几年，GPU（图形处理单元）、TPU（张量处理单元）等专用硬件的发展显著提升了计算能力，使大规模、复杂的模型成为可能。云计算服务的普及也为企业和研究者提供了可扩展、成本效益高的计算资源，进一步降低了技术应用的门槛。

（4）跨领域应用需求增加。

随着数字化、网络化、智能化的趋势日益明显，各行各业对 AI 技术的需求不断增长，希望通过引入 AI 技术来提高生产效率、降低成本、提升服务质量。这种市场需求推动了 AI 技术的广泛应用和快速发展。人工智能技术的进步推动了其在医疗、金融、教育、交通、制造业等多个领域的应用。例如：在医疗领域，AI 可以辅助诊断疾病、预测疾病发展、优化治疗方案；在金融领域，AI 被用于风险管理、欺诈检测、算法交易等。跨领域的应用需求不断增加，为 AI 技术的发展和应用提供了广阔的市场空间。

（5）政策和资本的支持。

人工智能（AI）已经成为引领第四次工业技术革命的核心力量。政府和私人投资者对人工智能的投资和支持是推动其大规模应用的重要因素。全球许多国家都将 AI 作为国家战略，投入大量资源进行研究和发展。此外，风险投资、企业投资等资本对 AI 创业公司和项目的投资也在不断增加，为技术创新和应用提供了资金支持。

2. 人工智能应用工具背后的技术大模型

基于上述的原因，各类人工智能应用工具如雨后春笋般涌现，它们已经深入到我们生活的方方面面。这些应用工具背后，依托的是一系列强大的人工智能大模型技术。这些大模型技术不仅推动了 AI 技术的进步，更引领了各个行业的技术革新。

人工智能大模型是指具有巨大参数规模和强大能力的深度学习模型。这些模型通常需要在大量的数据上进行训练，并且需要高性能的计算资源来支持其训练和推理过程。大模型的参数数量可以达到数十亿甚至数百亿级别，其能力也比传统的小模型更加强大，可以处理更加复杂和多样化的任务。

这些大模型在自然语言处理、计算机视觉、语音识别等领域都有广泛的应用。例如，GPT-3 是一个典型的大模型，具有 1 750 亿个参数，可以生成高质量、连贯的文本，被广泛应用于文本生成、对话系统、语言翻译等领域。另外，大模型还可以用于图像分类、目标检测、语音识别、推荐系统等多种任务。

人工智能大模型也面临着一些挑战和限制。首先，大模型的训练需要大量的数据和计算资源，这使其训练成本高昂。其次，大模型的推理速度较慢，需要高性能的计算资源来支持其推理过程。最后，大模型也存在着一些安全和隐私方面的风险，例如模型被攻击或泄露等。因此，在使用大模型时需要注意其局限性和风险，并且需要根据具体的应用场景和需求来选择合适的模型和训练策略。

3. 目前主流的大模型及其特点

（1）GPT 系列（Generative Pre-trained Transformer）。

具体名称：GPT-3 是目前最具代表性的版本，目前 OpenAI 已经发布了 GPT-4。

技术特点：GPT 是一个自回归模型，使用 Transformer 架构，能够生成连贯的文本序列。GPT-3 特别以其 1750 亿个参数而闻名，展示了前所未有的语言理解和生成能力。

应用领域：自然语言处理（NLP）任务，如文本生成、翻译、摘要、问答系统、编程代码生成等。

（2）ERNIE（Baidu）。

具体名称：ERNIE、ERNIE 2.0 等。

技术特点：在 BERT 基础上进一步优化，通过引入知识图谱等外部信息，提高模型对实体和语义的理解能力。

应用领域：语义理解、情感分析、问答系统等。

（3）Megatron-LM（NVIDIA）。

具体名称：Megatron-LM。

技术特点：这是一个专为超大规模语言模型设计的框架，能够有效地扩展到数十亿甚至上百亿参数。Megatron-LM 通过高效的并行策略和优化，使得在极大的数据集上训练复杂模型成为可能。

应用领域：自然语言处理、生成任务、语言翻译等。

应用领域：图像生成、艺术创作、数据增强等。

（4）EfficientNet（Google AI）。

具体名称：EfficientNet。

技术特点：这是一系列设计用来优化网络深度、宽度和分辨率的卷积神经网络（CNN）。EfficientNet 通过复合系数自动调整网络的尺寸，以此实现在准确率和效率之间的最优平衡。

应用领域：图像识别、物体检测、图像分割等。

（5）AlphaFold（DeepMind）。

具体名称：AlphaFold2。

技术特点：使用深度学习预测蛋白质的三维结构，准确率极高，解决了生物学中长期存在的问题。

应用领域：生物医药、蛋白质工程。

扫描二维码，查看“目前主流的大模型及其特点”的更多拓展知识。

二、生成式人工智能 AIGC

1. 什么是 AIGC

AIGC，即人工智能生成内容（Artificial Intelligence Generated Content），又称为生成式人工智能，是利用人工智能技术工具来自动生成各种形式的内容和数据。在商业应用中，AIGC 的具体作用广泛且深远。

AI 技术的革新为 AIGC 的出现和发展提供了基础。随着 AI 技术的不断进步，计算机在语音识别、自然语言处理、图像识别、机器学习等领域取得了显著的突破。这些技术的突破使计算机能够更准确地理解人类语言、生成高质量的文本和图像内容，从而为 AIGC 的发展提供强大的技术支持。

2. AIGC 的主要内容呈现方式

第一，AIGC 可以应用于文字创作，如新闻的撰写、给定格式的撰写以及风格改写。例如，用户可以通过输入一段对于目标文章的描述或者要求，系统会自动抓取数据，根据我们描述的指令进行创作。这在广告、营销和内容创作领域有着巨大的应用潜力，可以快速生成大量高质量的文本内容。

第二，AIGC 可以应用于图像创作。用户只需要输入文字描述，计算机就会自动生成一张对应的图像作品。这种技术在艺术、设计和虚拟现实等领域有着广泛的应用。例如，设计师可以通过 AIGC 快速生成多种设计方案，从而加速设计过程。

第三，AIGC 应用于视频创作。例如，Google 推出的 AI 视频生成模型 Phenaki 能够根据文本内容生成可变时长视频。这种技术可以用于视频广告、教育内容制作等领域，大大提高了视频制作的效率和质量。

第四，AIGC 在虚拟人物角色领域也有广泛应用。通过结合先进的语音技术，AIGC 能够创造出具有逼真表情和声音的虚拟人物角色，实现数字人直播。这种技术为广告、娱乐和在线教育等行业提供了全新的互动体验方式，使品牌和产品能够以更具吸引力的形式展示给受众。

第五，AIGC 在 IT 技术开发领域同样发挥着重要作用。通过利用 AIGC 技术，软件开发人员可以实现更高效的数据分析和智能引导功能。以物流行业为例，通过结合物联网技术和 AIGC，企业可以实时监控和分析物流数据，优化运输路线和减少运输成本。这不仅提高了物流效率，还为客户提供了更快速、准确的物流服务体验。同时，AIGC 还可以应用于软件开发过程中的自动化测试和代码优化，进一步提高软件开发的效率和质量。

三、AIGC 赋能产业发展

麦肯锡在其 2023 年 6 月的报告《生成式人工智能的经济潜力》中分析，AIGC 将对全球经济产生深远影响，潜在增加高达 4.4 万亿美元的年度价值。报告强调了

AIGC在零售和消费品、银行业以及制药和医疗产品等行业中的巨大潜力。报告指出，AIGC的发展正在重塑多个行业的工作模式，主要影响市场营销、客户运营、软件工程和研发等领域。报告鼓励商业领袖尽早采用AIGC，以免错失在日益扩大的性能差距中获得竞争优势的机会。[①]

AIGC在商业应用中的作用主要体现在提高生产效率、降低成本、改善用户体验等方面。通过利用AIGC技术，企业可以更快地生成高质量的文本、图像、视频内容、虚拟数字人等，从而加速产品上市和品牌推广。同时，AIGC还可以帮助企业更好地利用数据资源，提高决策效率和准确性。

1. 新闻传媒、新媒体行业

AIGC的领域与新闻传媒、新媒体行业的日常工作生成内容有着非常大的兼容度。因此应用AIGC到该行业工作中日益广泛，其深度和广度都在不断拓展。从内容生产到分发，从用户互动到数据分析，AIGC都发挥着重要的作用，为新闻传媒行业带来了前所未有的机遇和挑战。AIGC可以赋能到新闻传媒行业的工作流程中，具体如下：

（1）新闻采集与整理。

新闻传媒行业的基础是新闻信息的采集与整理。AIGC可以通过自然语言处理、图像识别等技术，自动抓取网络上的新闻线索，提高新闻采集的效率。同时，AIGC还可以对采集到的新闻信息进行自动分类、筛选和整理，为后续的新闻编辑和发布提供便利。

（2）新闻内容生成。

AIGC的核心优势在于能够自动生成多样化的新闻内容。通过训练大量的新闻数据，AIGC可以模仿人类记者的写作风格，自动生成高质量的新闻稿件。此外，AIGC还可以结合图像、视频等多媒体元素，生成更具吸引力的新闻内容。这不仅能够降低新闻制作的成本，还能提高新闻内容的丰富度和时效性。

（3）个性化推荐与分发。

在新闻传媒行业中，如何将新闻内容精准地推送给目标受众是至关重要的一环。AIGC工具可以通过分析用户的浏览历史、兴趣爱好等信息，为用户推荐符合其需求的新闻内容。同时，还可以根据用户的反馈和行为数据，不断优化推荐算法，提高推荐的准确性和用户满意度。

（4）数据驱动的决策支持。

AIGC技术还可以帮助企业更好地利用数据资源，提高决策效率和准确性。通过AIGC分析工具，新闻传媒企业可以深入了解用户的行为习惯、喜好等信息，为新闻策划、内容生产、市场推广等提供数据支持。这有助于企业更精准地把握市场需求，优化新闻产品的设计和运营策略。

---

① 资料来源：麦肯锡2023年6月的报告《生成式人工智能的经济潜力》

（5）虚拟数字人的应用。

AIGC 技术还可以应用于虚拟数字人的创建和管理。在新闻传媒领域，虚拟数字人可以作为新闻播报员、节目主持人等，为用户提供更加生动、有趣的新闻内容。此外，虚拟数字人还可以用于模拟新闻场景、还原事件经过等，提高新闻报道的可视化和逼真度。

（6）版权保护与内容溯源。

在新闻传媒行业中，版权保护和内容溯源一直是一个重要的问题。有了 AIGC 技术，可以通过图像识别、文本分析等技术，对新闻内容进行版权保护和溯源。这有助于维护新闻内容的原创性和知识产权，打击盗版和侵权行为，保障新闻传媒企业的合法权益。

（7）内容审核和假新闻识别。

作为新媒体平台方，利用 AIGC 技术可以辅助新闻传媒机构进行内容审核，快速识别并过滤不适宜或违反政策的内容。同时，借助自然语言处理和机器学习技术，AI 还能识别假新闻和错误信息，保障新闻内容的真实性和可靠性。

2. 电商行业

在电商行业，AIGC 技术应用在企业的营销推广升级方面发挥着重要作用，AIGC 可以生成文案、图像、视频、虚拟数字人等，这些内容是电商行业的重要工作内容，主要体现在提高生产效率、降低成本、改善用户体验以及优化数据驱动的决策支持等方面。

（1）商品上架与描述。

在电商平台的运营过程中，商品上架与描述是至关重要的一环。AIGC 可以自动生成高质量的商品描述文案和图像，大大提高了商品上架的效率和准确性。通过自然语言处理和图像生成技术，AIGC 能够结合大数据语言逻辑，自动生成符合商品特性的描述文案，同时结合商品图片，为消费者提供更加直观、详细的商品信息。

（2）商品及品牌宣传。

在电商行业，品牌宣传是企业提升知名度、塑造品牌形象和吸引客户的重要手段。AIGC 技术在企业品牌营销宣传方面发挥着重要作用，特别是在图像生成和视频生成方面。

首先，AIGC 技术可以自动生成高质量的产品照片和模特照片，为企业节省了大量的摄影和后期制作成本。这些 AI 生成的图片不仅具有高级感和专业感，而且可以根据企业的需求进行定制和优化，从而更好地展现产品的特点和优势。通过 AIGC 技术，企业可以更加高效地进行产品展示和宣传，提升产品的吸引力和竞争力。

其次，AIGC 技术还可以通过数据分析，将视频素材生成多样化的营销宣传视频。这些视频可以根据企业的目标受众、市场趋势和竞争状况等因素进行个性化定制，从而更好地吸引和转化潜在客户。AIGC 技术可以自动生成不同风格、不同场景、不同

情节的视频内容，满足企业多样化的营销需求。

（3）虚拟数字人直播。

利用 AIGC 技术生成的虚拟数字人直播在电商行业中具有显著的作用与优势。虚拟数字人直播能持续在线、可定制形象、克服语言文化限制、不受人的情绪影响等优势，可以有效提升销售转化率。这种直播形式新颖独特，也吸引了更多年轻消费者的关注。此外，虚拟数字人直播还能降低真人主播的成本，减少人力资源投入，为企业节省运营成本。

（4）数据驱动运营决策支持。

AIGC 不仅可以帮助电商企业提高生产效率和用户体验，还可以帮助企业更好地利用数据资源，提高运营决策效率和准确性。AIGC 智能推广工具，通过分析用户的浏览历史、购买记录、消费偏好等信息，为用户推荐符合其需求的商品，提高用户满意度和购买转化率。为企业商品选品、价格策略、促销活动等提供数据支持。这有助于企业更精准地把握市场需求，优化商品结构和运营策略。

（5）沉浸式购物体验。

AIGC 技术在电商行业中的另一个创新应用是虚拟试衣间和增强现实（AR）体验。通过 AIGC 和 AR 技术的结合，消费者可以在线上试穿商品，获得更加真实的购物体验。这不仅提高了消费者的购物满意度，还降低了退货率和运营成本。同时，虚拟试衣间和 AR 体验也为电商企业提供了更多的营销手段和创新空间。

（6）客户服务与售后支持。

优质的客户服务是提升用户体验和品牌形象的关键。AIGC 可以通过虚拟数字人等技术，提供 24 小时不间断的客户服务，解答用户的疑问和解决问题。此外，AIGC 还可以结合自然语言处理技术，也可私有化部署属于企业的专属语言模型库，真正实现智能客服的功能，提高客户服务效率和质量。

（7）供应链管理与优化。

在电商行业中，AIGC 可以通过分析历史销售数据、库存状况、用户需求等信息，为供应链管理提供智能决策支持。例如，AIGC 可以预测某一商品的未来销售量，从而帮助企业提前调整库存和采购计划，避免库存积压或缺货现象的发生。此外，AIGC 还可以结合物流数据，优化配送路线和降低物流成本，提高物流效率和服务质量。

3. 广告设计行业

AIGC 在广告设计行业中的作用是全方位的，它贯穿整个广告设计流程，从创意构思到最终发布，都起到了至关重要的作用。它不仅提高了生产效率，降低了成本，还大大改善了用户体验，为企业带来了更大的商业价值。随着技术的不断发展和进步，AIGC 在广告设计行业的应用将会越来越广泛，其潜力和价值也将得到更充分的体现。

（1）创意灵感的源泉。

AIGC 可以为设计师提供无限的创意灵感。设计师可以输入关键词或描述他们的设计理念，AIGC 工具可以生成多种设计方案供选择。这大大缩短了设计师寻找灵感和试验不同设计的时间。

（2）自动化优化流程。

广告设计涉及多个环节，如策划、设计、审稿、修改等。AIGC 可以自动化这些流程，减少人工干预，提高生产效率。例如，AIGC 可以根据用户反馈和数据分析自动优化广告内容，提高广告的点击率和转化率。

（3）个性化定制。

传统的广告设计往往难以满足不同用户的个性化需求。AIGC 可以通过学习用户的行为和喜好，为每个用户生成定制化的广告内容，从而提高广告的针对性和效果。

（4）降低成本。

AIGC 的引入可以大大减少广告设计的人力成本。设计师不再需要花费大量时间寻找灵感和进行试验，而是可以更加专注于创新和优化。同时，AIGC 还可以降低广告制作的物理成本，如打印、摄影等费用。

（5）数据驱动的决策。

AIGC 不仅可以生成广告内容，还可以收集和分析用户数据，为广告主提供数据驱动的决策支持。广告主可以根据这些数据调整广告策略，提高广告效果和 ROI（投资回报率）。

（6）虚拟模特与场景构建。

在广告设计中，模特和场景的选择至关重要。AIGC 可以生成虚拟模特和虚拟场景，为设计师提供更多的选择。这些虚拟元素不仅可以根据需求进行定制，还可以降低实际拍摄的成本和时间。

（7）增强现实（AR）与虚拟现实（VR）的集成。

AIGC 可以与 AR 和 VR 技术相结合，为广告设计带来全新的体验。设计师可以创建虚拟的广告场景，让用户沉浸其中，增强广告的吸引力和互动性。这种技术特别适用于产品展示和推广。

4. 银行及金融行业

AIGC 通过提供精准数据分析、智能理财建议、自然语言处理、自动报表生成等功能，极大地提高了银行及金融行业的生产效率、降低了成本，并极大地改善了用户体验。为银行及金融行业带来了前所未有的变革，特别是零售金融产品领域，下面我们来梳理 AIGC 的应用工作流。

（1）客户分析与风险评估。

银行及金融行业的核心业务之一是为客户提供金融服务，而在这之前，对客户的风险评估至关重要。AIGC 能够通过精准的数据分析技术，对客户的财务状况、信用记录、投资偏好等进行深入分析，从而为客户提供个性化的金融产品和服务建议。同时，AIGC 还可以结合市场数据和历史数据，对客户进行风险评估，帮助银行制定风险控制策略。

（2）智能理财建议与资产配置。

AIGC 能够根据客户的财务状况和投资目标，提供智能化的理财建议和资产配置方案。通过机器学习和大数据分析，AIGC 可以预测市场走势，为客户提供最佳的投资组合和风险管理策略。这不仅能够帮助客户实现资产增值，还能够提高银行的客户满意度和忠诚度。

（3）自动报表生成与数据分析。

在银行及金融行业中，报表生成和数据分析是日常工作的重要组成部分。AIGC 可以自动从系统中提取数据，生成各类报表和分析报告，如资产负债表、利润表、现金流量表等。这不仅提高了报表生成的效率和准确性，还帮助银行更好地利用数据资源，提高决策效率和准确性。

（4）智能投顾与智能客户服务。

银行及金融行业客户服务是提升客户体验和满意度的关键环节。AIGC 通过自然语言处理技术，能够实现与客户的智能对话，解答客户疑问，提供个性化服务。智能投顾和机器人顾问逐渐成为银行及金融行业的新趋势。AIGC 通过结合大数据、机器学习和自然语言处理等技术，能够为客户提供 24 小时不间断的投资咨询和服务。这不仅提高了银行的客户服务能力，还降低了人工成本。

（5）风险管理与合规性检查。

银行及金融行业面临着严格的风险管理和合规性要求。AIGC 可以通过智能算法和数据分析技术，对银行的交易行为、客户行为等进行实时监控和风险评估，帮助银行及时发现潜在风险并采取相应的风险控制措施。同时，AI 技术还可以对银行的业务操作进行合规性检查，确保银行业务符合相关法规和监管要求。

5. 教育行业

AIGC 强大的内容生成功能，巨大的知识内容存储量，势必会对未来的教育方向产生巨大影响。目前，就教育技术而言，就可以结合 AI 相关技术，实现多样化的教学内容，提高教育行业的生产效率、降低成本，提升教学质量。

（1）个性化学习内容的生成。

在教育行业，每个学生的学习需求和水平都是不同的。AIGC 可以根据学生的学习进度、兴趣爱好和学习目标，生成个性化的学习内容。这包括定制化的教案、练习题、视频课程等，使每个学生都能获得适合自己的学习资源和路径。

（2）智能辅导与答疑。

AIGC 可以通过自然语言处理技术，实现与学生的智能对话和互动。它可以自动回答学生提出的问题，提供及时的辅导和帮助。同时，AIGC 还可以分析学生的学习

数据和问题，为学生提供精准的学习建议和解决方案。

（3）虚拟数字人与互动教学。

AIGC 可以生成虚拟数字人，模拟真实的教学场景，为学生提供更加丰富和生动的学习体验。虚拟数字人可以担任教师、辅导员等角色，与学生进行互动教学，激发学生的学习兴趣和积极性。

（4）自动化评估与反馈。

AIGC 可以通过图像识别、语音识别等技术，对学生的作业、考试等学习成果进行自动化评估。它可以根据预设的评估标准，快速准确地给出评分和反馈，减轻教师的工作负担，提高评估效率。AIGC 应用可以根据学生的学习数据和评估结果，为学生提供个性化的学习建议和改进方向。

（5）智能推荐与学习路径规划。

AIGC 可以收集和分析大量的教育数据，为教师和管理者提供数据驱动的决策支持。通过分析学生的学习数据和行为，根据学生的学习进度和目标，规划出最佳的学习路径和方案，帮助学生更加高效地学习。同时，管理者也可以利用这些数据来优化教育资源配置、改进教学管理等方面的工作。

四、AIGC 影响下的应对策略

人工智能技术的崛起，正在深刻影响着各大行业。无论是新媒体、电商、物流与仓储、金融及银行、教育领域，还是其他领域，人工智能都将发挥至关重要的作用，也会对这些从业者的工作习惯提出新的能力要求。

面对人工智能带来的变革，我们需要采取积极的应对措施。首先，要不断学习新知识，提升自己的技能和竞争力，以适应行业发展的新需求。其次，要关注行业动态，了解 AI 技术的发展趋势和应用场景，为自己的职业发展或商业布局做好规划。最后，要勇于接受挑战，抓住 AIGC 带来的机遇，实现个人和企业的共同发展。

本教材后面章节将详细拆解如何使用主流 AIGC 工具提高我们的效率，多场景多领域，以案例带出任务需求、任务分析、任务实施，从理论落到实际应用，并期待读者能根据案例举一反三，将 AIGC 工具的使用技巧熟练掌握，从而发挥更大作用。

在人工智能技术大浪潮面前，人人都有机会。尽快应用好人工智能相关技术，不断提升自己的能力和竞争力，能让我们在新的浪潮中占据前沿、具有更多的优势，以在未来的职场或商业中脱颖而出。

【素养园地】

二十大报告中的人工智能

二十大报告强调了人工智能技术在经济社会发展中的应用和重要性，为人工智能技术的发展和应用指明了方向。其中关于人工智能的描述主要有以下几点：

推动数字经济和实体经济深度融合，打造具有国际竞争力的数字产业集群。这强调了人工智能技术在经济发展中的应用，要求加快数字化转型，推动数字经济的高质量发展。

加强重大科技创新平台建设，支持专精特新企业发展。这为人工智能技术的发展和应用提供了政策支持和保障，鼓励企业加大研发投入，加强技术创新和产业升级。

实施国家战略科技力量建设，增强自主创新能力。在人工智能领域，要发挥新型举国体制的优势，加强跨学科、跨领域的协同创新，提高我国人工智能技术的核心竞争力和国际话语权。

促进数字经济和实体经济深度融合，推进产业智能化改造。这要求在制造业等领域推广人工智能技术，实现生产过程的自动化和智能化，提高生产效率和质量水平。

完善科技创新体系，坚持创新在我国现代化建设全局中的核心地位。这是对整个人工智能领域发展的期望和要求，旨在推动我国科技创新和经济社会发展取得更加显著的成就。

【任务实训】

调研目前主流的 AIGC 工具及其特点总结。

【任务描述】

当前出现众多适用于现代服务业应用场景的 AIGC 工具，调研目前主流的 AIGC 工具，分析这些工具的特点。

【任务分析】

以往我们想要调研收集数据通常会用搜索引擎，而现在除了使用搜索引擎，我们还可以使用人工智能生成工具进行信息的收集与整理。因此本任务，我们将采用不同方式搜集整理信息，并通过实际使用经验来分析 AIGC 工具的应用情况。

【任务指导】

1. 通过搜索引擎搜集整理信息

如图 1-1 所示为搜索引擎寻找 AIGC 工具。

课堂笔记

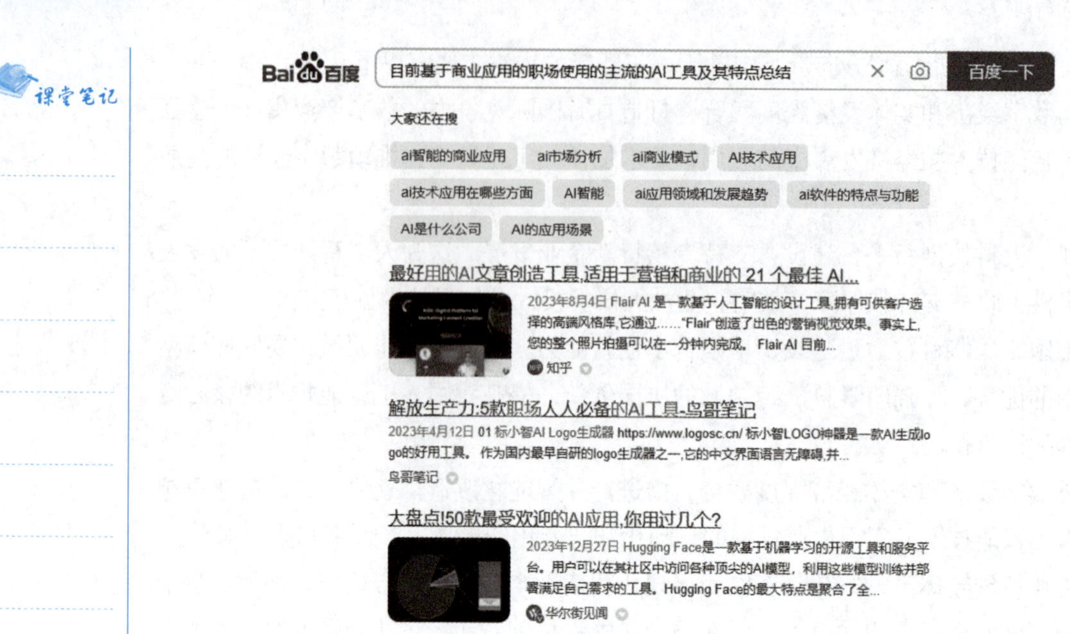

图 1-1　搜索引擎寻找 AIGC 工具

2. 通过对话型 AIGC 工具搜集整理信息

（1）如图 1–2 所示，通过百度搜索找到文心一言。

图 1–2　百度搜索文心一言

（2）体验文心一言。

如图 1–3 所示，打开之后，注册 / 登录百度相关的账号，即可使用。编辑问题发送出去。

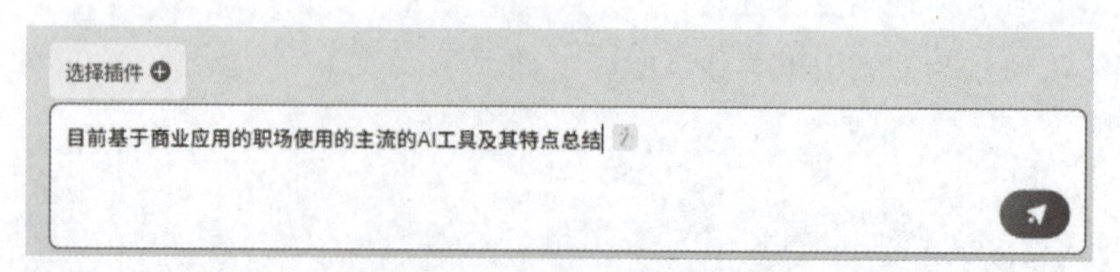

图 1–3　向文心一言提问

（3）如图 1–4 所示，文心一言的回复效率极高，并且会记录当前用户的使用情况。

目前基于商业应用的职场使用的主流的AI工具及其特点总结
目前基于商业应用的职场主流AI工具及其特点总结如下：
1. 标小智AI Logo生成器：这是一款国内自研的logo生成器，支持中英文logo设计。用户只需输入Logo名称和口号，以及所在行业、喜欢的颜色和字体等信息，即可轻松获得上百种logo生成结果。这款工具适用于创业者、设计师和普通用户，能够帮助他们快速创建出优秀的logo设计，提升品牌形象。
2. Friday智能写作：这是一款在线AI内容创作工具，提供60+丰富的写作模板，覆盖十大写作场景，包括新闻、教育、娱乐、科技、旅游等。它支持改写、续写、扩写、搜索引擎优化等多种功能，适用于自媒体达人、亚马逊独立站商家和剧本工作者等用户。
3. ChatMind：这是一款运用AI自动生成思维导图的在线工具，用户只需输入问题或需求，即可自动获取答案并生成思维导图，如读书笔记、市场方案、旅行计划等。开发者在模板库中内置了一系列提示词，支持多轮对话和改写扩充，并可将生成的思维导图导出为图片和Markdown格式。
4. Khroma - AI 配色：这是一个利用AI生成无限的配色方案和调色板的网站，可以帮助设计师或其他有作图需要的角色找到自己喜欢的颜色组合。用户只需选择最喜欢的50种颜色，Khroma就会根据这些选择训练出一个专属的颜色生成算法。此外，Khroma还提供每种颜色的名称、代码、CSS代码等，满足平面设计、网页设计等不同场景的需要。

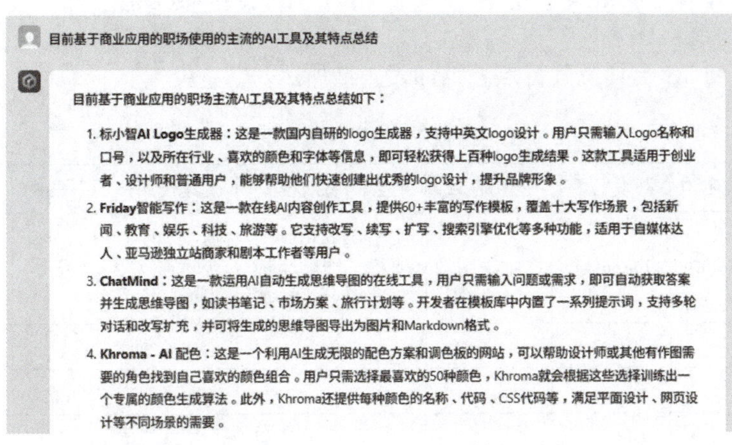

图 1-4　文心一言的回答

（4）通过 ChatGPT 搜集整理信息。如图 1-5 所示，为 OpenAI 的首页，单击导航中的 ChatGPT 即可进入对话界面。

OpenAI
Introducing Sora: Creating video from text

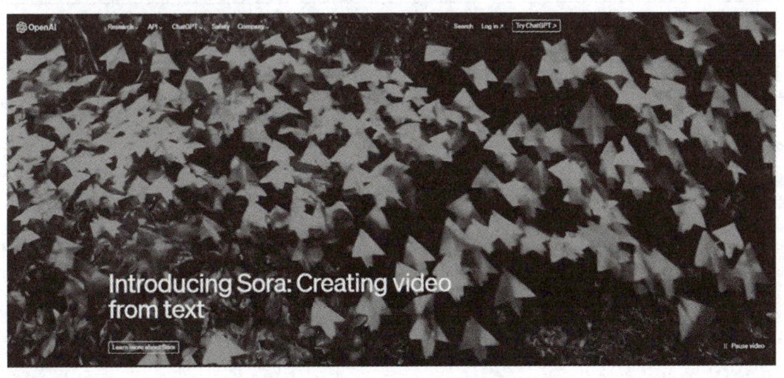

图 1-5　ChatGPT 的界面

（5）如图 1-6 所示，编辑问题发送给 ChatGPT，记录使用情况。

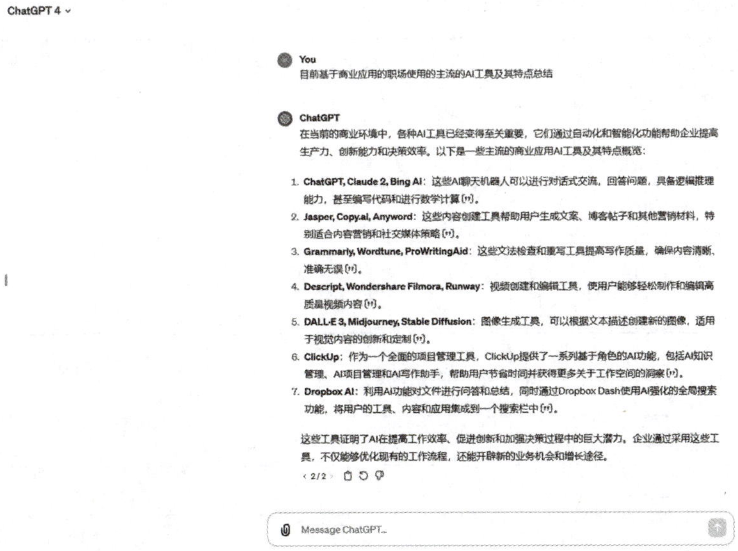

ChatGPT 4
You
目前基于商业应用的职场使用的主流的AI工具及其特点总结
ChatGPT
在当前的商业环境中，各种AI工具已经变得至关重要，它们通过自动化和智能化功能帮助企业提高生产力、创新能力和决策效率。以下是一些主流的商业应用AI工具及其特点概览：
1. ChatGPT, Claude 2, Bing AI：这些AI聊天机器人可以进行对话式交流，回答问题，具备逻辑推理能力，甚至编写代码和进行数学计算。
2. Jasper, Copy.ai, Anyword：这些内容创建工具帮助用户生成文案、博客帖子和其他营销材料，特别适合内容营销和社交媒体策略。
3. Grammarly, Wordtune, ProWritingAid：这些文法检查和重写工具提高写作质量，确保内容清晰、准确无误。
4. Descript, Wondershare Filmora, Runway：视频创建和编辑工具，使用户能够轻松制作和编辑高质量视频内容。
5. DALL·E 3, Midjourney, Stable Diffusion：图像生成工具，可以根据文本描述创建新的图像，适用于视觉内容的创新和定制。
6. ClickUp：作为一个全面的项目管理工具，ClickUp提供了一系列基于角色的AI功能，包括AI知识管理、AI项目管理和AI写作助手，帮助用户节省时间并获得更多关于工作空间的洞察。
7. Dropbox AI：利用AI功能对文件进行问答和总结，同时通过Dropbox Dash使用AI强化的全局搜索功能，将用户的工具、内容和应用集成到一个搜索栏中。
这些工具证明了AI在提高工作效率、促进创新和加强决策过程中的巨大潜力。企业通过采用这些工具，不仅能够优化现有的工作流程，还能开辟新的业务机会和增长途径。
2/2
Message ChatGPT...

图 1-6　ChatGPT 的回答

课堂笔记

3. 整理总结，以表格形式罗列

主流的 AIGC 工具及其特点总结如表 1-2 所示。

表 1-2　主流的 AIGC 工具及其特点总结

序号	AI 工具名称	开发公司	应用领域	技术特点优势	工具使用是否有条件	备注
1	Chat GPT	Open AI	文本、图像	使用 Transformer 架构，能够生成连贯的文本序列	需要访问外网，3.5 版本免费，4.0 版本付费	影响力最大
2						
3						
4						
5						
6						
7						
8						
9						
10						

从上述三种方式来看，这个任务使用 AIGC 工具生成回答，是很方便，但是也受到 AIGC 工具一次回复字数的限制，会对我们全面探索 AI 相关工具有局限，所以这个任务建议多参考搜索引擎收集的信息。

【任务实施】

调研目前主流的 AIGC 工具及其特点总结。

（1）将收集的信息汇总整理成表格。

序号	AI 工具名称	开发公司	应用领域	技术特点优势	工具使用是否有条件	备注
1						
2						
3						
4						
……						

（2）你体验过的 AIGC 工具的使用感受。

工具名称	使用感受
工具 1	
工具 2	

续表

工具名称	使用感受
工具 3	
工具 4	

扫描二维码，查看“搜索引擎搜索的内容与人工智能生成内容的区别”的更多拓展知识。

【项目完成评价表】

学生自评（40 分）					得分：
计分标准：A：9 分，B：7 分，C：5 分					
评价维度	评价指标	学生自评 要求 （A 掌握；B 基本掌握；C 未掌握）			
课堂参与度	线上互动活动完成度	A□	B□	C□	
	线下课堂互动参与度	A□	B□	C□	
	预习与资料查找	A□	B□	C□	
	探究活动完成度	A□	B□	C□	
作业质量	作业的完成度	A□	B□	C□	
	作业的准确性	A□	B□	C□	
	作业的创新性	A□	B□	C□	
创作成果创新性	作品的专业水平	A□	B□	C□	
	成果的实用性与商业价值	A□	B□	C□	
	成果的创新性与市场潜力	A□	B□	C□	
职业道德思想意识	爱岗敬业、认真严谨	A□	B□	C□	
	遵纪守法、遵守职业道德	A□	B□	C□	
	顾全大局、团结合作	A□	B□	C□	
教师评价（60 分）					得分：
教师评语					
总成绩		教师签字			
注：学生自评部分，学生需根据自身情况填写自测结果，并遵循评价要求。					

项目二
人工智能创作文案

【知识目标】

（1）理解爆款短视频的特点。
（2）了解不同的短视频平台及各自特点。
（3）了解常用的文本型 AIGC 工具。
（4）了解营销活动促销方案的核心目标、框架。

【技能目标】

（1）能够使用 AIGC 协助制作爆款短视频内容。
（2）能够使用 AIGC 协助撰写营销活动方案。
（3）能够使用 AIGC 协助生成知识博主分享内容。

【素质目标】

（1）树立职业道德，爱岗敬业，培养自我提升意识。
（2）提升抗压能力，磨炼坚韧品质。
（3）培养学生长期规划能力，进一步增强对党的政治认同、思想认同、情感认同。

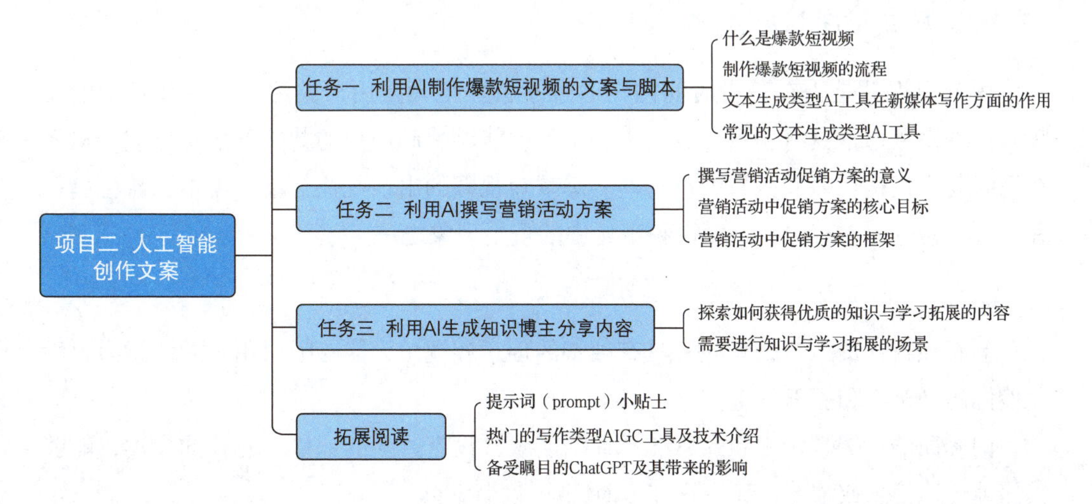

任务一　利用 AI 制作爆款短视频的文案与脚本

【案例引入】

助力乡村振兴之“当销冠过年回家”

习近平总书记在中国共产党第二十次全国代表大会指出全面推进乡村振兴。全面建设社会主义现代化国家，最艰巨最繁重的任务仍然在农村。坚持农业农村优先发展，坚持城乡融合发展，畅通城乡要素流动。加快建设农业强国，扎实推动乡村产业、人才、文化、生态、组织振兴。在乡村振兴政策的引领下，许多电商领域的销售人才纷纷投身家乡，结合自身优势，根据市场需求和消费者喜好，为农产品制定合适的营销和推广策略。通过社交媒体、短视频、直播等新媒体渠道进行宣传推广，吸引更多消费者关注和购买农产品。同时，可以开展线上线下相结合的促销活动，提升农产品的销售量和市场份额，为乡村振兴做出自己的努力。

李某某是一位销售专家，她通过短视频展示自己的销售技巧和策略，其中一条过年回家的视频获得了大量关注和赞誉。视频中，她将自己塑造成一位销售精英，利用不同的销售方式帮助家乡的果农解决了橘子滞销的问题，展现了她的智慧和能力。这个视频获得了 500 多万点赞和大量的评论、分享和转发，也吸引了大量粉丝关注。

【知识学习】

一、什么是爆款短视频

爆款短视频是指在一定时间内，通过平台获得大量用户关注、分享和互动的视频。这些视频通常具有创意、吸引力和价值，能够引起用户的共鸣和情感反应，从而在短时间内迅速传播并积累大量粉丝。爆款短视频的出现往往与市场需求、流行趋势和用户行为等因素有关，是短视频市场中的重要现象之一。

（一）爆款短视频的特点

创意独特：爆款短视频通常具有独特的创意和视角，能够吸引用户的注意力，满足他们的好奇心和探索欲望。

内容简洁：爆款短视频通常非常简洁明了，没有过多的铺垫和冗长的描述，能够快速地传达信息或情感，让用户在短时间内获得满足。

价值性强：爆款短视频通常具有很强的价值性，能够为用户提供有用的信息、观

课堂笔记

点或情感上的共鸣，从而引发用户的关注和分享。

视觉效果佳：爆款短视频通常具有优秀的视觉效果，包括画面、剪辑、特效等方面的制作都非常精美，能够给用户带来视觉上的享受和冲击。

互动性强：爆款短视频通常具有较强的互动性，能够引发用户的评论、点赞、分享等行为，从而增加用户参与度和黏性。

时效性强：爆款短视频通常与当下热点事件、节日庆典等时间节点密切相关，能够迅速抓住市场机遇并获得关注。

受众定位明确：爆款短视频通常具有明确的受众定位，能够满足某一特定群体的需求或喜好，从而在目标市场中获得优势。

传播力广：爆款短视频通常具有较强的传播力，能够通过社交媒体、推荐算法等方式迅速扩散到更广泛的人群中，提高品牌知名度和影响力。

（二）制作爆款短视频的意义

提高品牌知名度：爆款短视频能够在短时间内获得大量关注和传播，从而提高品牌知名度，增加品牌曝光度。

促进产品销售：通过短视频展示产品的特点、优势和使用方法，能够吸引潜在消费者，提高产品认知度和购买意愿，从而促进产品销售。

提升用户体验：通过短视频展示产品或服务的优势和特点，能够提供更好的用户体验，从而增加用户忠诚度和满意度。

增强品牌形象：爆款短视频能够传达品牌的形象和价值观，塑造品牌形象，提升品牌价值。

拓展宣传渠道：短视频作为一种新型的传播方式，能够拓展宣传渠道，增加品牌或个人曝光度，提高影响力。

降低宣传成本：相较于传统的广告宣传方式，短视频的制作和推广成本相对较低，能够降低宣传成本。

增强用户互动：通过短视频的互动功能，能够增强用户参与度和互动性，提高用户黏性和忠诚度。

抓住市场机遇：爆款短视频能够迅速抓住市场机遇，例如热点事件、节日庆典等时间节点，从而迅速扩大品牌或个人的影响力和知名度。

培养忠实粉丝：通过制作高质量的短视频内容，能够吸引和培养忠实粉丝，从而为品牌或个人发展提供稳定的粉丝基础。

探索新的商业模式：短视频的兴起也为新的商业模式提供了探索机会，例如短视频电商、直播带货等，为品牌或个人带来更多商业机会和收益。

（三）成为爆款短视频应具备的特征

大众话题，接地气儿：爆款短视频通常与大众生活密切相关，能够引起广泛共

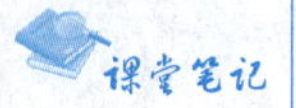

鸣。它们讲述的故事、呈现的场景和表达的情感都是人们日常生活中所熟悉的，具有广泛的“群众基础”。

情节紧凑，内容饱满：成功的短视频通常节奏紧凑，能够在最短的时间内提供丰富的内容。无论是娱乐、教育还是知识类内容，它们都力求在最短时间内提供最核心的信息，满足用户快速获取信息的需求。

角度新颖，个性突出：爆款短视频需要有独特的视角和风格，这样才能在海量的内容中脱颖而出。无论是主题选择、拍摄手法还是后期剪辑，都需要有独特的创意和个性，从而吸引观众的注意力。

话题轻松，表达有趣：轻松有趣的话题和表达方式是爆款短视频的常见特征。它们通常以幽默、诙谐的方式呈现，能够让观众在轻松的氛围中获取信息或享受娱乐。

高质量的视觉效果：无论是画面、剪辑还是特效，爆款短视频都需要有出色的视觉效果。这不仅包括技术层面的高清画质、流畅剪辑等，还包括创意层面的视觉呈现，如独特的摄影角度、创新的画面布局等。

强互动性：爆款短视频通常具有较强的互动性，能够引发观众的参与和反馈。例如通过设置互动环节、鼓励用户评论和分享等方式，增加用户黏性和参与度。

定位明确的目标受众：爆款短视频通常针对特定的目标受众，了解并满足他们的需求和喜好。通过对受众的精准定位和深入了解，短视频能够更好地抓住他们的兴趣点，提高传播效果。

及时抓住市场热点：爆款短视频往往能够及时捕捉市场的热点和趋势，快速制作并发布相关内容。这不仅能够提高短视频的曝光率，还能够增强品牌或个人的影响力。

独特的声音或口音：有时候，独特的嗓音或口音也能成为爆款短视频的标志性特征。这种个性化的声音能够让观众记住并辨识出视频内容，从而增加品牌的辨识度和记忆度。

价值性强：爆款短视频往往具有很强的价值性，无论是提供信息、表达观点还是引发情感共鸣，都能够为用户带来某种价值或满足感。这种价值性能够吸引观众主动观看、分享和传播视频内容。

总之，爆款短视频的特征是多方面的，涵盖了内容、形式、受众互动等多个方面。这些特征的综合作用使短视频能够在短时间内获得大量关注和传播，成为市场的焦点。

二、制作爆款短视频的流程

确定主题和定位：首先需要确定短视频的主题和定位，包括目标受众、内容类型、风格等。这有助于确保后续步骤的顺利进行。

创意策划：在确定主题和定位的基础上，进行创意策划，包括内容构思、表现形式、拍摄方案等。这一步是整个制作过程的核心，需要充分发挥创作者的想象力

和创新精神。

脚本编写：根据创意策划的结果，编写出具体的拍摄脚本，包括台词、动作、镜头调度等。脚本的质量直接影响最终视频效果的好坏，因此需要仔细斟酌。

素材准备：根据脚本需求，准备所需的素材，包括视频、图片、音频等。这一步需要耐心细致地筛选和整理素材，确保其质量和适用性。

视频拍摄：按照拍摄脚本进行视频拍摄，注意镜头的稳定性和画面的美观度。同时根据实际情况灵活调整拍摄方案，以获取最佳的拍摄效果。

后期制作：拍摄完成后，进行视频剪辑、特效添加、音效处理等后期制作工作。这一步需要熟练掌握相关软件操作，以实现创意策划中的视觉效果和艺术风格。

审核与发布：完成后期制作后，对视频进行审核，检查是否存在错误或不足之处。审核通过后，选择合适的平台进行发布，并做好宣传推广工作。

三、文本生成类型 AI 工具在新媒体写作方面的作用

新媒体发展至今，对从业人员要求更高了，如果能结合文本型 AI 工具将会大大提高效率。文本型 AI 工具应用了深度学习和自然语言处理技术，这些工具可以自动生成各种类型的文本，包括文章、新闻、广告文案、推荐信、邮件等。以下是 AI 工具在文本生成方面的几个作用：

（1）提高写作效率：传统的写作过程需要耗费大量时间和精力来构思、组织和撰写内容。而 AI 工具可以根据用户提供的输入提示或简要的要求，快速生成相应的文本。这样，写作者可以节省大量的时间和精力，提高写作效率。

（2）创意启发：有时候，写作者可能会遇到写作灵感不足的情况。AI 工具可以根据关键词或写作要求，提供相关的观点、论据和例子，为写作者提供创意启发，帮助他们展开思路。

（3）语法纠错和润色：AI 工具可以检测文本中的语法错误、拼写错误、标点符号使用等问题，并提供相应的修正建议。这对于非母语写作者或写作初学者来说尤为有用，可以帮助他们提升文本的质量和准确性。

（4）文章生成与重写：AI 工具可以根据用户提供的简要要求，生成符合要求的文章。此外，还可以对已有的文章进行修改和重写，使其更加流畅和准确。

（5）个性化定制：AI 工具通常支持个性化定制，用户可以根据自己的需求和风格，选择写作风格、设定语气、指定关键词等。这样，生成的文本更能符合用户的要求和喜好。

然而，需要注意的是，AI 工具生成的文本虽然能够提高写作效率和质量，但在使用时仍需谨慎对待。AI 工具生成的文本可能存在逻辑漏洞、语义不准确等问题，因此在使用时需要进行人工的审阅和编辑，以确保文本的准确性和合理性。

四、常见的文本生成类型 AI 工具

常见的文本生成类型 AI 工具如表 2–1 所示。

表 2–1　常见的文本生成类型 AI 工具

名称	特点	公司
ChatGPT、DALL–E 2	文本、图片	OpenAl
文心一言	文本、图片、擅长中文语义	百度
Claude、Bard	文本、图片	Google
Bing	文本、图片	Microsoft
通义千问	文本	阿里巴巴
讯飞星火	文本	科大讯飞
小智 AI	文本、图片（对接 ChatGPT、Midjourney 数据）	小智未来
Kimi	文本、长篇写作	月之暗面
豆包	文本、聊天对话	字节跳动
写作猫	文本、小说写作	秘塔网络
Jasper Ai	文本	Jasper
Notion Al	文本	Notion

【任务实训】

利用 AI 制作爆款短视频的文案与脚本

【任务描述】

使用文本生成类型 AI 工具，生成爆款短视频内容文案。

【任务分析】

文本生成类型 AI 工具是基于人的自然语言开发的，有其思维逻辑，并且有大量的知识数据。当使用它时，需要掌握一个符合它、能够启发它的提问方式，才能够高效地得到需要的信息。

文本类型 AI 工具 prompt（提示词）常见的语法结构：请在某个背景下，担任某个角色，执行某种任务，输出内容以某种方式呈现。文本类型 AI 工具提示词结构如图 2–1 所示。

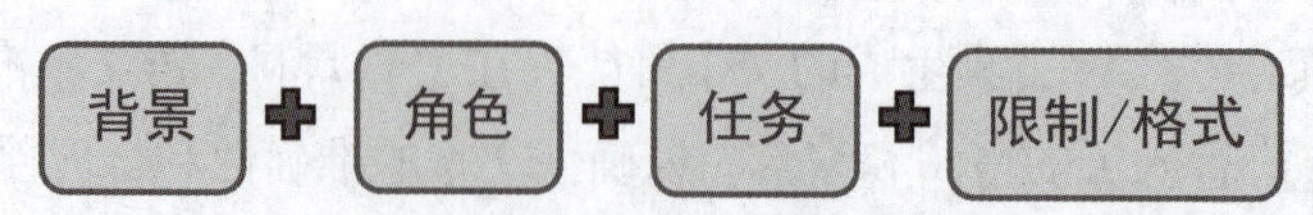

图 2–1　文本类型 AI 工具提示词结构

【任务指导】

1. 生成标题

在百度搜索“文心一言”，进入到该工具的页面，文心一言对话框如图 2-2 所示。

图 2-2　文心一言对话框

为了达成这个任务目标，即使是没有思路情况下，也可以让 AI 工具协助生成一些参考的选题方向。向文心一言提出需求，自动调研市场行情，将需求填写在对话框里发送：请你帮我写 10 个关于美食的短视频爆款选题。文心一言的回答之一如图 2-3 所示。

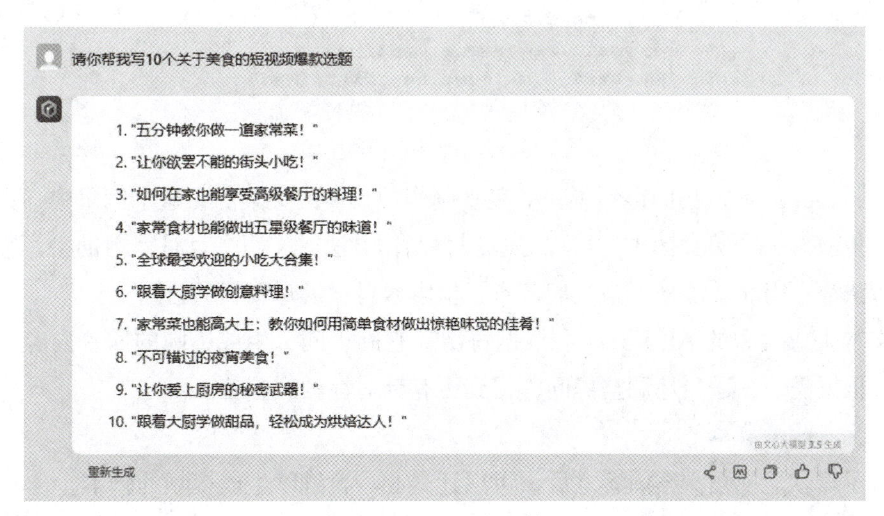

图 2-3　文心一言的回答之一

如图 2-3 所示，查看文心一言的回复，提供了 10 个选题方向：街头小吃、家常菜、创意料理等，还有一些美食故事，或者是健康美食新主张等，紧紧围绕着美食主

题，这是因为我们在提问的时候，给予它一定的限制条件，如：“10 个”“美食”“短视频爆款”这些都属于约束条件。

2. 生成文案内容

当得到了这些选题以后，可以选一个自己感兴趣的、想要深入去延展内容的，进一步提问。在提问的时候，假定文心一言的身份背景，明确需要完成的任务，以及一并提出相关限制性的要求。一般而言，在提出具体指令的时候，以短句的形式分隔开，尽量在每一个短句里面描述清楚每一个限制条件。例如，让文心一言以一个轻食减脂博主的身份，任务是写一篇关于美食制作的文案，限制条件是文案的风格要贴近现在抖音爆款视频的风格。

继续上面的标题，以第 10 条选题为内容编写文案，将提问发送给文心一言：采用第 10 条的选题为标题，以轻食美食博主的身份，写一个关于美食制作的文案，注意：文案风格要贴近抖音爆款视频的文案风格。文心一言的回答之二如图 2–4 所示。

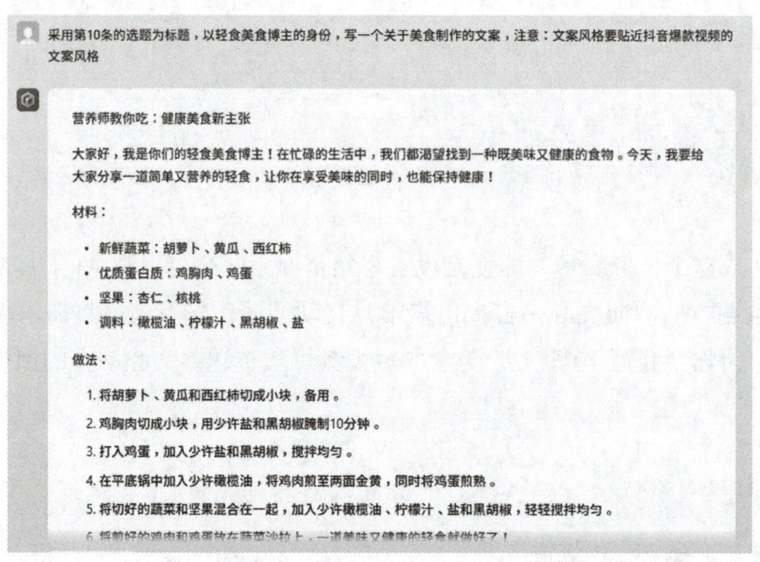

图 2–4　文心一言的回答之二

如图 2–4 所示，我们得到了一篇美食制作的具体的文案。在这个例子中，文心一言可以扮演好一个美食博主，可以分享美食制作方法。文心一言是得力助手，它将食材、做法都写得非常清晰，为我们节省了检索素材、编辑资料的时间。

文本生成类型的 AI 工具，会根据每次对它的提问，生成不同的回答内容。我们还可以根据需求，适当地调整提问，得到更有针对性的回答。

3. 生成视频脚本

有了爆款短视频文案内容之后，可以让文心一言继续生成视频的脚本。

以刚才生成的内容为思路，让文心一言模拟导演的角色，生成逐一推进的镜头画面介绍。我们可以提出要求：将以上文案重新排版成短视频脚本，要求有开头 / 结尾 / 重点，以表格形式输出。文心一言的回答之三如图 2–5 所示。

课堂笔记

将以上文案重新排版成短视频脚本，要求有开头/结尾/重点，以表格形式输出

以下是按照要求重新排版的短视频脚本，以表格形式输出：

镜号	拍摄场地	拍摄时间	景别	拍摄方法	镜头时长	画面	角色动作	人物台词/旁白	音乐/音效	后期剪辑和特效要求
1	厨房	白天	中景	推镜头（由远至近）	5秒	镜头展示厨房环境，炊具、食材等一应俱全	无	旁白："大家好，我是你们的轻食美食博主！"	轻松愉快的背景音乐	无
2	厨房	白天	中景	移镜头	3秒	三文鱼、蔬菜等食材被放在台面	无	无	无	无

图 2-5　文心一言的回答之三

如图 2–5 所示，文本生成型的 AI 工具，在与人的交流中，带有承上启下的思维逻辑，所以我们可以持续的进行追问，逐渐得到想要的内容。

生成的短视频脚本内容，这个短视频脚本也包含了时间段、视频内容、描述配乐、效果音乐等。接着选择分享，或者是复制内容以便后续其他操作，如图 2–6 所示。

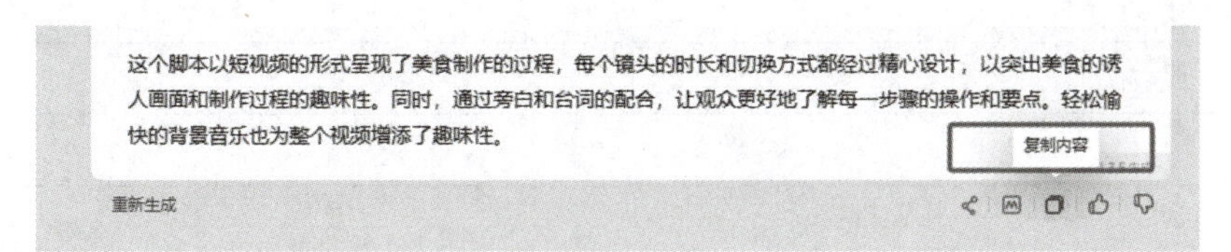

图 2–6　复制文心一言的回答

以表格为例，可以直接粘贴在 Excel 表格里，如图 2–7 所示，而后再调整表格的格式。

以下是按照要求重新排版的短视频脚本，以表格形式输出：										
镜号	拍摄场地	拍摄时间	景别	拍摄方法	镜头时长	画面	角色动作	人物台词旁白	音乐/音效	后期剪辑和特效要求
1	厨房	白天	中景	推镜头（由远至近）	5 秒	镜头展示厨房环境，炊具、食材等一应俱全	无	旁白："大家好，我是你们的轻食美食博主！"	轻松愉快的背景音乐	无
2	厨房	白天	中景	移镜头	3 秒	三文鱼、蔬菜等食材被放在台面上，展示食材的新鲜度	无	无	无	无
3	厨房	白天	中景	推镜头（由远至近）	4 秒	三文鱼两面涂抹橄榄油，撒上盐和黑胡椒，腌制 10 分钟	三文鱼处理动作，涂抹橄榄油，撒调料	无	无	无
4	厨房	白天	中景	拉镜头（由近至远）	3 秒	三文鱼放在盘中，稍微放凉，准备煎制	三文鱼放置动作，准备煎制的过程	无	无	
5	厨房	白天	中景	推镜头（由远至近）	3 秒	将蔬菜沙拉拌匀，放入大碗中，加入橄榄油、盐、黑胡椒和柠檬汁等调料拌匀备用。镜头聚焦于搅拌的细节	蔬菜沙拉拌匀动作，放入调料拌匀的过程	无	无	无
6	厨房	白天	中景	推镜头（由远至近）	3 秒	热锅凉油，放入三文鱼，中火煎至两面金黄。镜头聚焦于三文鱼在热锅中煎制的细节	煎制三文鱼的动作，中火煎制的过程	无	无	无
7	厨房	白天	中景	拉镜头（由近至远）	4 秒	把蔬菜沙拉摆盘，放上煎好的三文鱼，挤上一些柠檬汁提味。镜头聚焦于摆盘和挤柠檬汁的细节	摆盘和挤柠檬汁的动作	无	无	无
8	餐桌 / 厨房	白天	全景	推镜头（由远至近）	5 秒	展示完成的香煎三文鱼配蔬菜沙拉。镜头聚焦于美食的诱人画面	展示美食的动作	旁白："这道香煎三文鱼配蔬菜沙拉做法简单，口感鲜美"	轻松愉快的背景音乐	无
这个脚本以短视频的形式呈现了美食制作的过程，每个镜头的时长和切换方式都经过精心设计，以突出美食的诱人画面和制作过程的趣味性。同时，通过旁白和台词的配合，让观众更好地了解每一步骤的操作和要点 。轻松愉快的背景音乐也为整个视频增添了趣味性										

图 2–7　文心一言输出的内容整理

综上所述，文本生成型 AI 工具，生成什么样的内容，取决于如何去调用它的知识库，所以要掌握 prompt 提示词的使用技巧：提出在什么样的背景下，让它担任什么样的角色，执行什么样的任务，以什么样的形式呈现，或者是有什么样的限制要求。

扫描二维码，查看“提示词（prompt）小贴士”的更多拓展知识。

【任务实施】

制作爆款短视频文案。

（1）请填写 AIGC 工具生成的 10 个标题。

序号	备选标题
1	
2	
3	
4	
5	
6	
7	
8	
9	
10	

（2）生成文案内容。

选定一个标题，进行进一步提问，并将生成的文案填入下表。

标题	
文案	

课堂笔记

（3）生成视频脚本。

以生成的文案内容为思路，发出指令，由 AI 工具将以上的文案重新排版，生成短视频脚本，并填入下表。

镜号	拍摄地	拍摄时间	景别	拍摄方法	镜头时长	画面	角色动作	人物台词 / 旁白	音乐 / 音效	后期剪辑和特效要求
1										
2										
3										
4										
5										
6										
7										

【任务思考】

如何改进提示词以得到更精确的内容？

任务二　利用 AI 撰写营销活动方案

【案例引入】

好孩子母婴商城以六一儿童节为主题，推出了一系列促销活动，产品直降折扣优惠、礼品赠送、亲子活动等。通过展示窗口、线下广告、线上粉丝群互动、店内布置等来吸引顾客注意。通过这一次促销活动，销售额在六一儿童节期间较平时增长了 20%，比去年同期增长了 15%。亲子活动和优惠吸引了更多家庭前来，店内客流量明显增加，尤其是在活动举办期间。通过活动的宣传和参与度，好孩子母婴商城的品牌知名度得到提升，更多消费者了解并选择购买该店的儿童服装。通过优惠折扣和礼品赠送，消费者对好孩子母婴商城的购物体验和服务感到满意，提高了顾客忠诚度。这也为店铺的品牌形象和市场竞争力增添了新的动力。

【知识学习】

一、撰写营销活动促销方案的意义

营销活动促销方案是企业为了促进销售、提升市场份额和增强品牌知名度等目

的，而制定的一系列有计划、有针对性的促销策略和活动安排。这个方案通常包括明确营销目标、分析市场和竞争环境、确定目标受众、制定促销策略、设计具体促销活动、执行与监控以及评估与总结等步骤。

在制订营销活动促销方案时，企业需要综合考虑产品特性、消费者需求、市场趋势以及竞争对手情况等因素，以确保方案的有效性和针对性。一个成功的营销活动促销方案应该能够吸引潜在顾客、激发消费者的购买欲望、提升品牌形象，并最终实现企业的营销目标。

二、营销活动中促销方案的核心目标

营销活动中促销方案的核心目标主要有以下几点：

提升销量：最直接也是最常见的目标就是通过促销活动刺激消费者的购买欲望，从而达到提升销量的效果。

增强品牌知名度：通过大规模的促销活动，可以吸引更多的潜在消费者关注，从而提升品牌的知名度和影响力。

吸引新客户：针对那些尚未使用过产品或服务的潜在客户，通过提供优惠券、试用装等方式，吸引他们尝试并可能成为长期的忠实客户。

促进重复购买：对于已经购买过的客户，通过积分、会员优惠等方式，鼓励他们进行重复购买，提高客户的忠诚度。

清理库存：在某些情况下，商家可能会通过促销活动来清理过季或积压的库存，以回收资金。

塑造品牌形象：通过精心设计的促销活动，可以传达品牌的价值理念和产品特色，进一步塑造和提升品牌形象。

这些目标并非相互独立，很多时候一场成功的促销活动可以同时达到多个目标。在制订具体的促销方案时，应根据品牌的市场定位、产品特性以及目标消费者的需求等因素来综合考虑和选择。

三、营销活动中促销方案的框架

营销活动中促销方案的框架通常包括以下几个关键部分：

（一）活动背景

市场分析：当前市场趋势、竞争对手情况、目标市场的消费者需求等。

品牌定位：明确品牌在市场中的位置，以及希望通过此次活动达到的目标。

（二）活动目的

具体、明确地阐述此次营销活动的核心目标，如提升销量、增强品牌知名度、吸引新客户、促进重复购买等。

（三）目标受众

详细描述目标消费者的特征，包括年龄、性别、地域、职业、兴趣等，确保活动能够精准触达潜在顾客。

（四）活动时间

确定活动的开始和结束时间，以及关键的时间节点，如预售、正式促销、返场等。

（五）活动主题

创意且符合品牌调性的活动主题，能够吸引消费者注意并引发情感共鸣。

（六）促销策略

（1）产品策略：选择哪些产品进行促销，是否推出新品或限量版等。

（2）价格策略：折扣力度、满减规则、赠品设置等。

（3）渠道策略：线上渠道（官方网站、电商平台、社交媒体等）和线下渠道（实体店、活动等）的布局和配合。

（4）推广策略：如何通过各种媒体和社交平台进行宣传推广。

（七）活动执行

（1）活动流程：从预热到结束的详细活动安排。

（2）责任分配：明确各部门和人员的职责和任务。

（3）物料准备：包括宣传海报、广告文案、产品包装等的设计和制作。

（4）技术支持：确保网站、支付系统、物流等在活动期间稳定运行。

（八）预算计划

列出活动的所有预计费用，包括广告费、制作费、场地费、人工费等，并进行合理分配。

（九）风险评估与应对措施

识别可能出现的风险，如库存不足、物流延误、技术故障等，并提前制定相应的应对措施。

（十）效果评估

设定明确的成功指标，如销售额、参与人数、新增粉丝数等，并在活动结束后进行实际效果的评估和总结，为未来的营销活动提供参考和借鉴。

【任务实训】

利用 AI 撰写营销活动文案。

【任务描述】

使用文本型 AI 工具，生成一个儿童节的促销活动方案。

【任务分析】

如果当我们拿到这个任务的时候把它直接丢给 AI 工具，它会给我们什么答案呢？如果这个提问，是一个特别宽泛的话题，那么 AI 工具也会给我们一个特别宽泛的答案。所以，我们应该根据自己的需求，发送问题相关的背景，给予任务限制条件。为了得到一个有针对性的方案，我们可以提出需求，明确细分类别的活动，例如，让 AI 工具以母婴用品商城的活动策划专员的角色，写一篇关于儿童节促销活动的方案。

【任务指导】

1. 设计问题

在使用文本生成型 AIGC 工具时，问题的设计是我们获得最佳答案的关键。我们将以下设计好的问题发送给文心一言：请你以一个母婴用品商场活动策划专员的角色，写一篇关于儿童节促销活动方案。

如图 2-8 所示，文心一言在书写的时候，反应非常迅速，也紧紧围绕着我们写活动方案的框架去写，从活动的背景目标、活动主题、活动时间、活动内容、宣传策略、人员安排等去展开陈述，写得非常全面。

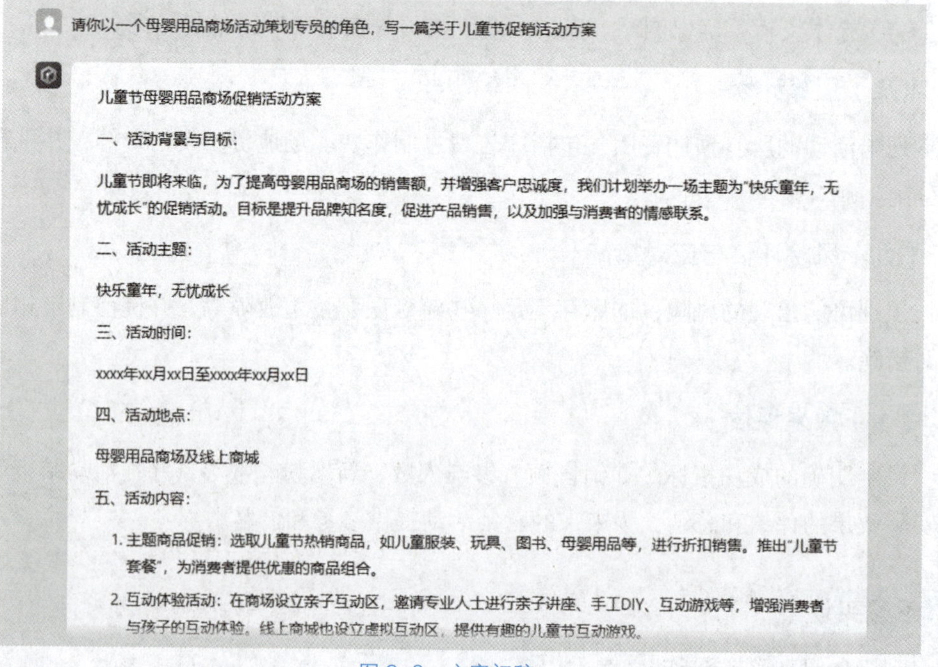

图 2-8　方案初稿一

课堂笔记

2. 进一步优化和细化问题

在实际应用中，如果作为一名活动策划专员，则我们还需要进行下一步调整，将方案细化到可执行的细则。我们将以下问题发送给文心一言：作为一个活动策划专员，在执行活动中，应该注意协调哪些方面。

我们让文心一言全面地展开描述。实际工作中，我们如果作为某一个领域专项的工作人员，要能够自己梳理出这些方向，但这需要时间精力的积累，而如果作为行业新人使用 AIGC 工具，将使我们能够更快地得出更全面的答案。

如图 2–9 所示，看到文心一言的回答写得非常全面，应该要注意协调以下十个方面。阅读之后我们就会有对整个活动执行的全局观。

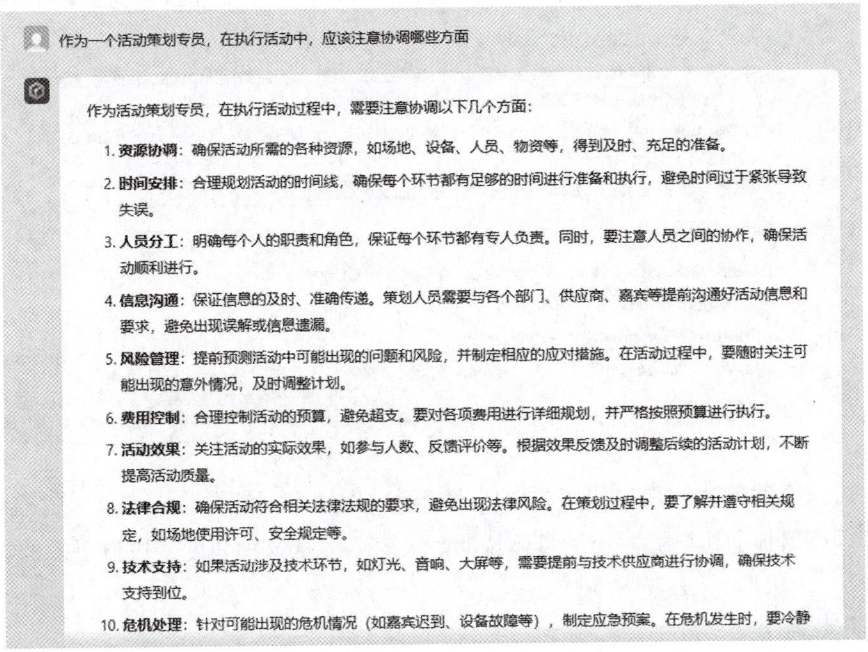

作为一个活动策划专员，在执行活动中，应该注意协调哪些方面

作为活动策划专员，在执行活动过程中，需要注意协调以下几个方面：

1. **资源协调**：确保活动所需的各种资源，如场地、设备、人员、物资等，得到及时、充足的准备。
2. **时间安排**：合理规划活动的时间线，确保每个环节都有足够的时间进行准备和执行，避免时间过于紧张导致失误。
3. **人员分工**：明确每个人的职责和角色，保证每个环节都有专人负责。同时，要注意人员之间的协作，确保活动顺利进行。
4. **信息沟通**：保证信息的及时、准确传递。策划人员需要与各个部门、供应商、嘉宾等提前沟通好活动信息和要求，避免出现误解或信息遗漏。
5. **风险管理**：提前预测活动中可能出现的问题和风险，并制定相应的应对措施。在活动过程中，要随时关注可能出现的意外情况，及时调整计划。
6. **费用控制**：合理控制活动的预算，避免超支。要对各项费用进行详细规划，并严格按照预算进行执行。
7. **活动效果**：关注活动的实际效果，如参与人数、反馈评价等。根据效果反馈及时调整后续的活动计划，不断提高活动质量。
8. **法律合规**：确保活动符合相关法律法规的要求，避免出现法律风险。在策划过程中，要了解并遵守相关规定，如场地使用许可、安全规定等。
9. **技术支持**：如果活动涉及技术环节，如灯光、音响、大屏等，需要提前与技术供应商进行协调，确保技术支持到位。
10. **危机处理**：针对可能出现的危机情况（如嘉宾迟到、设备故障等），制定应急预案。在危机发生时，要冷静

图 2–9　方案初稿二

下一步，我们可以让它在某个方向上继续延伸。因为在使用文本生成型 AI 工具的过程中，每次我们所调用的问题答案字数是有限的，所以我们不能一次性地得到非常全面的答案，用这种方式，先以全局观的形式得到一个大方向的回答，然后再针对具体的项目进行延伸拓展。

3. 逐一针对单个模块延伸

为了让项目方案更加清晰具体，我们让文心一言针对人员分工这个方面进行延伸，根据刚才的儿童节促销方案关于人员分工这个方向展开具体的说明，在说明当中要求它分别从活动前、活动中、活动后三个模块分析具体到哪些人、在什么时间点、做哪些事情。当我们的问题足够具体的时候，得到的答案也非常清晰。我们将以下问题发送给文心一言：请根据刚才的儿童节促销方案，在“人员分工”这个方面展开，举例说明如何安排，分别从：活动前、活动中、活动后三个模块，分析具体到需要哪

些人，在什么时间点，做哪些事情。

如图 2–10 所示，通过对“人员分工”模块的延伸，我们将获取活动前、活动中、活动后各个阶段人员具体分工及需要完成的任务。

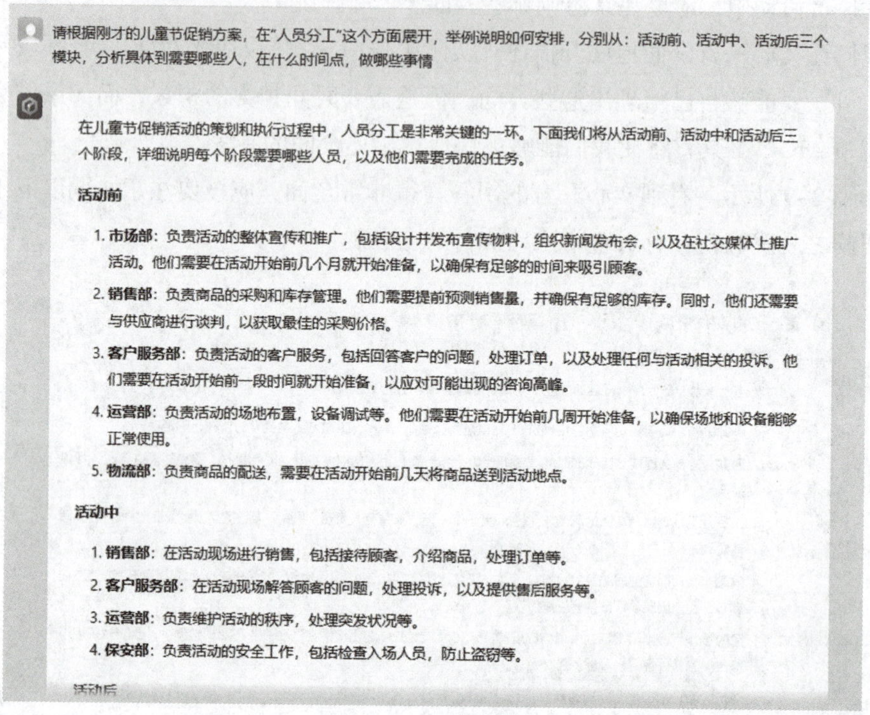

请根据刚才的儿童节促销方案，在“人员分工”这个方面展开，举例说明如何安排，分别从：活动前、活动中、活动后三个模块，分析具体到需要哪些人，在什么时间点，做哪些事情

在儿童节促销活动的策划和执行过程中，人员分工是非常关键的一环。下面我们将从活动前、活动中和活动后三个阶段，详细说明每个阶段需要哪些人员，以及他们需要完成的任务。

活动前

1. **市场部**：负责活动的整体宣传和推广，包括设计并发布宣传物料，组织新闻发布会，以及在社交媒体上推广活动。他们需要在活动开始前几个月就开始准备，以确保有足够的时间来吸引顾客。
2. **销售部**：负责商品的采购和库存管理。他们需要提前预测销售量，并确保有足够的库存。同时，他们还需要与供应商进行谈判，以获取最佳的采购价格。
3. **客户服务部**：负责活动的客户服务，包括回答客户的问题，处理订单，以及处理任何与活动相关的投诉。他们需要在活动开始前一段时间就开始准备，以应对可能出现的咨询高峰。
4. **运营部**：负责活动的场地布置，设备调试等。他们需要在活动开始前几周开始准备，以确保场地和设备能够正常使用。
5. **物流部**：负责商品的配送，需要在活动开始前几天将商品送到活动地点。

活动中

1. **销售部**：在活动现场进行销售，包括接待顾客，介绍商品，处理订单等。
2. **客户服务部**：在活动现场解答顾客的问题，处理投诉，以及提供售后服务等。
3. **运营部**：负责维护活动的秩序，处理突发状况等。
4. **保安部**：负责活动的安全工作，包括检查入场人员，防止盗窃等。

活动后

图 2–10　方案细化文案

通过这个案例我们得出如何去生成一个活动促销方案的经验：先从大的概念，逐步延伸到可落地的执行方向上的具体说明。大家可以从这种角度，进行更多的尝试。

【任务实施】

撰写营销活动策划方案。

（1）请让 AIGC 工具以一个活动策划专员的角色，写一篇关于某个行业商家的节日促销活动的方案，将设计好的问题和得到的方案框架填入下表。

提出的问题		
AI 生成的内容	1	
	2	
	3	
	4	
	5	
	…	

课堂笔记

（2）优化设计问题，让文心一言全面地展开描述。将进一步细化的问题及获得的答案框架填入下表。

问题	
获得的答案框架	

（3）选择一个模块进行延伸，并将设计好的问题及获得的答案框架填入下表。

问题	
获得的答案框架	

【任务思考】

如何让 AIGC 工具配合我们指定的方向，输出具体的策划文案？

任务三　利用 AI 生成知识博主分享内容

【案例引入】

抖音博主 @ 真读书 369 分享内容：读书笔记、书评、阅读心得、人生感悟。账号将自己定位在“爱好阅读、喜欢分享”的读者群体中；每周分享 2~3 篇读书笔记和书评，保持着持续的内容输出；读书与生活紧密结合，通过分享阅读心得和读书感悟，让粉丝们更加容易产生共鸣；博主与粉丝进行互动交流，回复粉丝的留言并与他们分享阅读心得，增强了用户黏性。由于持续的内容输出和精准的定位，@ 真读书 369 在抖音上积累了 16 万多的粉丝，推广好书，有很多粉丝在他的推荐下购买了相关书籍，同时也传播了美好的社会价值观，营造积极学习的正能量。①

① 知识博主通过优质内容输出传递正能量。

【知识学习】

一、探索如何获得优质的知识与学习拓展的内容

在互联网时代，知识与学习的拓展显得尤为重要，这主要归因于以下几点：

信息爆炸：互联网时代是信息爆炸的时代，每天都有海量的信息产生和传播。在这样的环境下，仅仅依靠传统的知识获取方式已经无法满足人们的需求。因此，拓展知识面、提高信息筛选和处理能力成为必备的技能。

跨界融合：互联网打破了传统行业的界限，促进了不同领域之间的融合和创新。在这样的背景下，拥有广泛的知识面和跨学科的学习能力成为重要的竞争优势。只有不断拓展自己的知识领域，才能更好地适应跨界融合的趋势。

快速变化：互联网时代的变化速度非常快，新技术、新产品、新思想层出不穷。如果停止学习和拓展知识，很容易被时代淘汰。因此，保持持续学习的态度和能力，不断拓展自己的知识边界，是应对快速变化的关键。

个人成长：从个人成长的角度来看，知识与学习的拓展也是实现自我价值和提升生活品质的重要途径。通过不断学习新知识、新技能，我们可以提升自己的职业竞争力，拓宽职业发展空间；同时，也可以丰富自己的精神世界，提高生活品质。

因此，我们应该珍惜这个时代提供的便利条件，保持持续学习的态度和能力，不断拓展自己的知识边界。

文本生成类型 AI 工具所存储的知识容量是非常大的，也可以帮我们解决具体的学科的问题，所以我们要善于利用它，把我们平时所需要拓展的知识和学习内容，向它提出问题，以得到答案。

二、需要进行知识与学习拓展的场景

在互联网时代，许多场景都需要进行知识与学习的拓展。以下是一些常见的场景：

职场发展：在职场中，为了保持竞争力和适应不断变化的工作环境，个人需要不断学习和拓展知识。无论是提升专业技能、了解行业趋势，还是掌握新的工作工具和方法，都需要进行知识与学习的拓展。

教育领域：学生在学习过程中需要进行知识与学习的拓展，以加深对学科内容的理解、提高学习效果和应对考试。同时，教育工作者也需要不断学习和拓展知识，以更新教学内容和方法，提升教学质量。

个人兴趣与爱好：个人在追求兴趣和爱好的过程中，常常需要进行知识与学习的拓展。例如，学习摄影、绘画、音乐、编程等，都需要了解相关的基础知识和技能，并通过实践和学习不断提升自己的水平。

创新创业：在创新创业的过程中，需要进行知识与学习的拓展来支持创意的实现

课堂笔记

和商业化的推进。这包括了解市场需求、行业趋势、竞争状况，掌握创业管理、市场营销、融资等方面的知识和技能。

社会热点与公共事务：对于关注社会热点和公共事务的个人来说，进行知识与学习的拓展可以帮助他们更好地理解和参与社会话题的讨论。例如，了解环保、健康、教育等公共政策领域的背景知识，可以提升个人的见解和参与度。

扫描二维码，查看“热门的写作类型 AIGC 工具及技术介绍”的更多拓展知识。

【素养园地】

写论文借助人工智能工具的可行性

目前在论文查重中，对于 AI 生成内容的检测是一个正在发展和完善的过程。虽然现有的论文查重系统主要依赖文本相似性比对算法来检测抄袭行为，但这些系统对于 AI 生成的内容检测还存在一定的局限性。

由于 AI 生成的内容是通过模型生成的全新内容，而不是直接从已有的论文库中复制粘贴，因此在文本相似性比对的过程中可能难以找到与之相似的论文。此外，AI 生成的内容在语法、措辞等方面可能与人工撰写的内容有所不同，这也增加了检测系统识别其相似性的难度。

然而，随着技术的不断进步和查重系统的升级，研究人员正在努力提高系统对 AI 生成内容的检测能力。这可能包括采用更先进的机器学习技术来训练模型，使其能够识别 AI 生成的内容特征，或者使用其他技术手段来辅助检测。

需要注意的是，不同的查重系统和工具可能具有不同的检测能力和策略。因此，在论文写作过程中，即使使用了 AI 辅助工具，也应确保内容的原创性和学术诚信，避免过度依赖 AI 生成的内容，以免引发学术不端行为的风险。

总之，虽然目前论文查重系统对 AI 生成内容的检测还存在一定的挑战，但随着技术的不断发展和完善，未来查重系统可能会增加对 AI 生成内容的检测功能，以更好地维护学术诚信和原创性。

【任务实训】

利用 AI 生成知识博主分享内容。

【任务描述】

作为一个运营新媒体账号的知识博主，利用文本生成类型 AI 工具生成日常知识

与学习拓展内容，以扩充我们社交账号的内容。优质内容的关键在于结合 AI 工具的优势与人的创意。

【任务分析】

AI 工具能根据输入的关键词或主题快速生成文章草稿，但其生成的内容往往缺乏独特性和深度，需要对草稿进行审查和修改，加入博主的专业知识和见解。此外，使用 AI 工具还可以用于趋势预测，帮助博主抓住热点话题，提高内容的时效性和吸引力。

【任务指导】

1. 中文语言处理

作为一个知识博主，常常为如何选题所烦恼。此时，我们可以结合生活中一些场景创作文案，向文心一言提问：关于登高的诗词。

如图 2-11 所示，文心一言给我们提供了几个非常经典的关于登高这个场景的诗词。

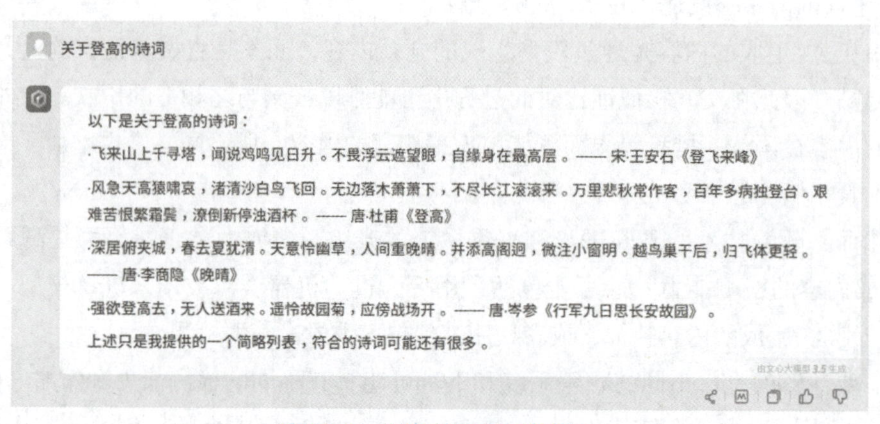

图 2-11　回复关于登高的诗词

接下来我们可以进一步选择杜甫登高的场景，由于杜甫的诗词是古文的陈述方式，因此对它提出更高的要求，由此让它形容杜甫诗词中所描绘场景的小散文：

帮我生成形容杜甫诗词《登高》场景的小散文，字数 200 左右。

如图 2-12 所示，文心一言迅速生成了一篇字数符合要求的小散文：“在秋日的晴空下，杜甫独自登高，俯瞰着远方的世界。他的视线……”

在这个回复中，小散文是以第三人称的视角，描述杜甫当时登高的场景，并未与现代人的角色产生关联。而我们的人设和场景是作为一名现代知识博主，在一次登高活动当中，联想起杜甫的这首诗，进而引发个人的思考。因此我们将问题进行调整：以我们现代人生活的角度，在一次登山过程中，联想起杜甫诗词《登高》场景的小散文，字数 200 左右。

课堂笔记

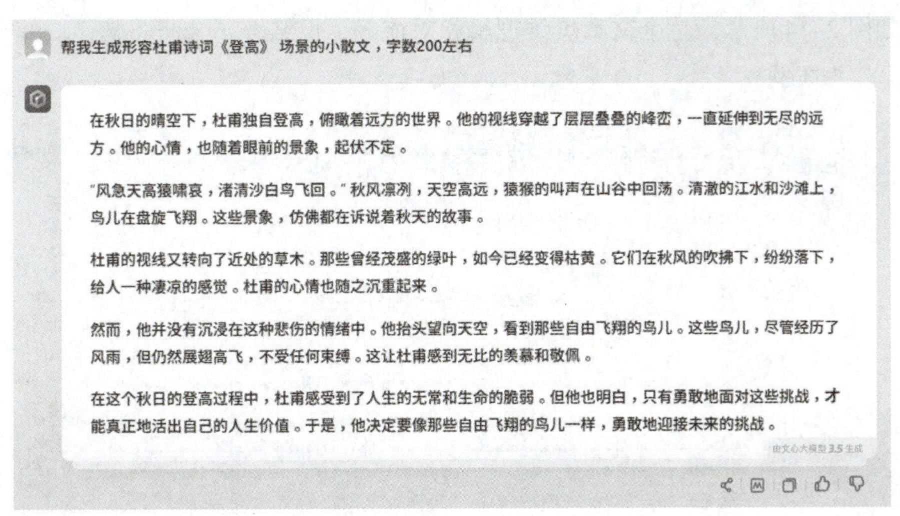

图 2-12　关于登高场景的小短文

如图 2-13 所示，调整后的关于登高的小散文，其描述是博主在一次登高中联想到杜甫诗词中的场景，并由此得出人生的感悟。这篇小散文的写作所表达的寓意很好，是知识博主常用的写作方式。

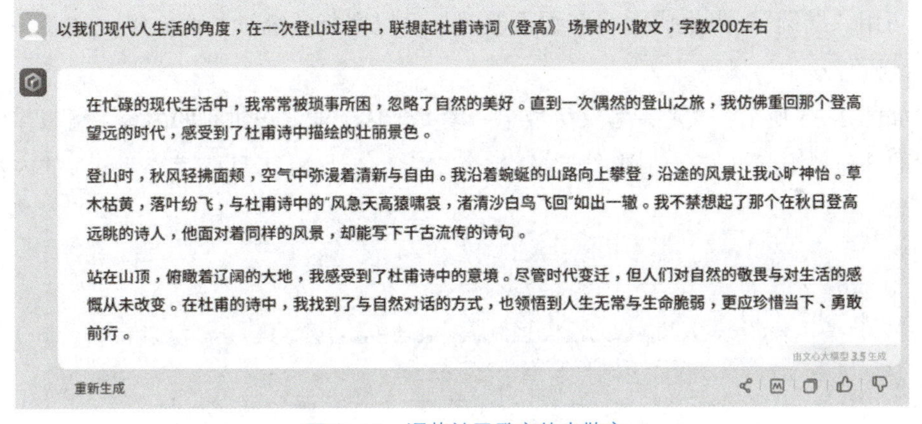

图 2-13　调整关于登高的小散文

通过该案例，我们发现文本生成类型 AI 工具在实际应用当中，只有通过不断优化提问方式，才能更好让其为我们写作服务。

2. 英文语言处理

英文是很多人终生需要持续学习的，因此在互联网上有一类知识博主针对用户的痛点，进行知识分享。这就要求此类博主不断制作英语学习资料。在以往，博主们通常使用浏览器搜索模式，这就需要花费大量时间进行整理收集与处理，而有了 AI 工具，我们可以更快地得到一份较为完整的资料，然后进行筛选与调整。

我们从一个英文知识博主的角度，写一篇英文的演讲稿，主题是关于人如何在逆境中成长，将问题发送给文心一言：帮我写一篇英文演讲稿，主题是关于人如何在逆境中成长，有 2 个具体案例，字符数 3000 左右。

如图 2-14 所示，整个文章思维逻辑相对流畅，也结合了 Sharah 跟 Alex 两个人的故事作为案例。

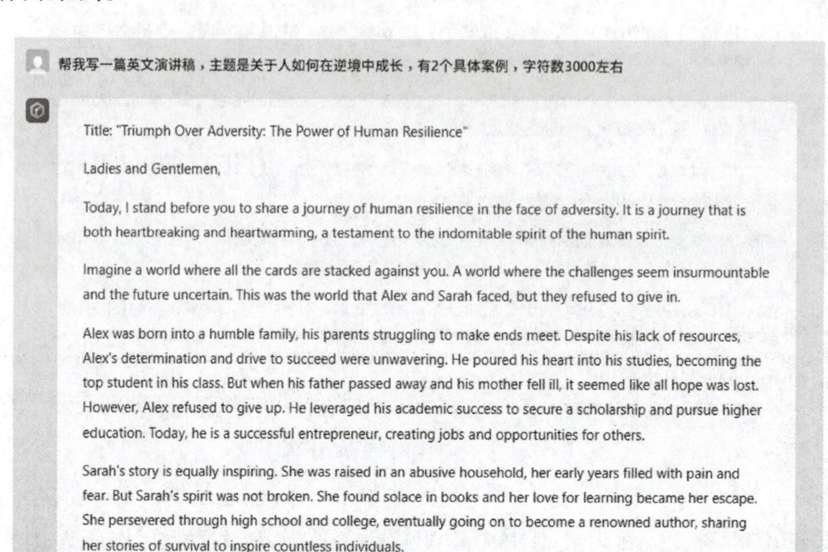

图 2-14　英文演讲稿 1

巧用"继续"。当生成内容字数不够时，可以回复"继续"两个字，文心一言就会继续延伸这个演讲稿。

如图 2-15 所示，文心一言又生成了一段关于这个英文演讲稿的内容，可以作为上一段的补充。由此可见，使用"继续"这个技巧，能让 AI 工具持续产生更多的内容。

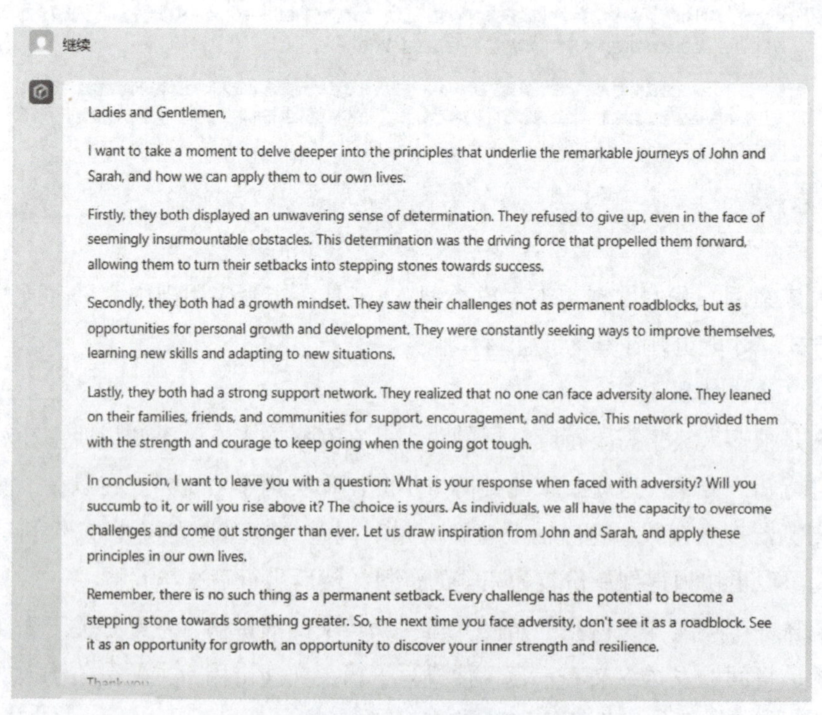

图 2-15　英文演讲稿 2

课堂笔记

对于知识博主来说，利用AI工具可以大大提高内容创作的效率。比如，当需要撰写一篇关于某个知识点的文章时，先使用AI工具生成初步的草稿，再根据自己的专业知识和经验进行修改和完善。这样不仅可以节省大量的时间，还能够确保文章的质量和深度。此外，AI工具还可以帮助我们挖掘潜在的内容创意。通过分析用户数据、市场趋势和热门话题，为我们提供关于用户兴趣、需求和行为的有价值见解。这些见解可以作为内容创作的灵感来源，帮助我们创作出更符合用户需求的内容。

【任务实施】

制作知识博主分享内容文案。

（1）准确描述知识方向。

（2）生成文案内容。

选定一个标题，进行进一步提问，并将生成的文案填入下表。

（3）调整知识文案。

【任务思考】

如何让AIGC工具写出更精彩的文案？

扫描二维码，查看“备受瞩目的 ChatGPT 及其带来的影响”的更多拓展知识。

【项目完成评价表】

学生自评（40 分）				得分：
计分标准：A：9 分，B：7 分，C：5 分				
评价维度	评价指标	学生自评 要求 （A 掌握；B 基本掌握；C 未掌握）		
课堂参与度	线上互动活动完成度	A□	B□	C□
	线下课堂互动参与度	A□	B□	C□
	预习与资料查找	A□	B□	C□
	探究活动完成度	A□	B□	C□
作业质量	作业的完成度	A□	B□	C□
	作业的准确性	A□	B□	C□
	作业的创新性	A□	B□	C□
创作成果创新性	作品的专业水平	A□	B□	C□
	成果的实用性与商业价值	A□	B□	C□
	成果的创新性与市场潜力	A□	B□	C□
职业道德思想意识	爱岗敬业、认真严谨	A□	B□	C□
	遵纪守法、遵守职业道德	A□	B□	C□
	顾全大局、团结合作	A□	B□	C□
教师评价（60 分）				得分：
教师评语				
总成绩		教师签字		
注：学生自评部分，学生需根据自身情况填写自测结果，并遵循评价要求。				

项目三
人工智能生成图片

【知识目标】

（1）了解图片设计在商业领域中的作用。

（2）了解常用的生成图片的 AIGC 工具。

（3）理解 AIGC 工具生成图片的技巧。

【技能目标】

（1）掌握利用 AIGC 制作产品展示图片。

（2）掌握利用 AIGC 制作人物角色图片。

（3）掌握利用 AIGC 结合 Photoshop 制作商业海报图片。

【素质目标】

（1）培养学生对新技术、新工艺的好奇心，引导科学探索的理念。

（2）培养学生对图片的美感。

（3）培养遵纪守法的社会主义核心价值观。

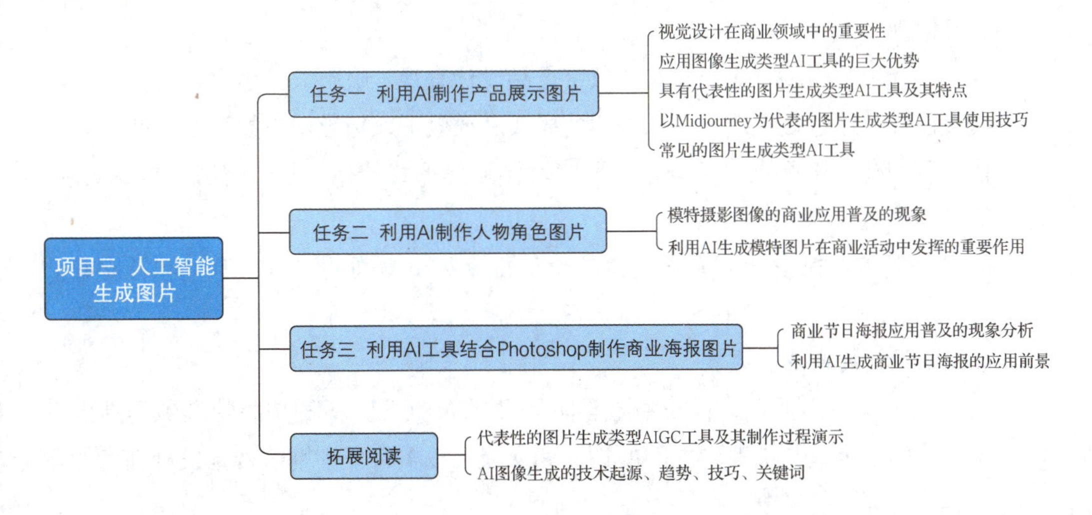

任务一　利用 AI 制作产品展示图片

【案例引入】

iiMedia Research（艾媒咨询）数据显示，2023 年中国 AIGC 行业核心市场规模为 79.3 亿元，2028 年有望达 2767.4 亿元。艾媒咨询分析师认为，随着人工智能技术的不断发展，AIGC 技术也将日益成熟，未来将在更多领域得到广泛应用，电商成为其应用的关键领域。艾媒咨询分析师认为，伴随 AIGC 技术的不断创新，推动直播电商行业快速扩展边界，获得诸多发展动能。①

【知识学习】

一、视觉设计在商业领域中的重要性

视觉设计（Visual Design）是一种侧重数字媒体中视觉表达的设计领域，它结合了图形设计、用户界面设计和用户体验设计的元素，旨在通过视觉沟通提升用户体验和品牌识别度。视觉设计不仅仅是美化界面，它更关注如何使用图形、颜色、图像、字体和其他视觉元素来传达信息、引导用户操作以及提升整体的美学感受。

1. 主要职责和应用领域

品牌身份设计：通过独特的视觉元素（如标志、配色方案）来塑造和表达品牌的个性和价值观。

界面设计：为网站、应用和其他数字产品设计直观、吸引人的用户界面。

交互设计：通过视觉线索（如按钮的样式、动效）来指导用户如何与产品交互。

信息可视化：将复杂的数据通过图表、图形等形式转换为易于理解的视觉表现，提升信息的传达效率。

广告和促销材料设计：为营销活动设计视觉吸引力强的广告、海报和社交媒体图形。

2. 视觉设计的商业重要性

在商业运作中，视觉设计扮演着至关重要的角色。它不仅是品牌形象塑造的关键，还直接影响企业与消费者之间的沟通和交流。以下将详细阐述视觉设计在商业运

① 内容来源：艾媒咨询，2024 年中国 AI 电商行业报告 https://k.sina.com.cn/article_1850460740_6e4bca440190117sr.html。

作中的重要性，并按照不同分类进行介绍。

（1）品牌形象塑造。

视觉设计是品牌形象塑造的核心。一个独特且具有吸引力的视觉设计可以使企业在竞争激烈的市场中脱颖而出，增加消费者对品牌的认知和记忆。从标志设计到宣传海报，再到产品包装，视觉设计都能够传达出品牌的核心价值观和特点。通过一致性和连贯性的视觉设计，企业可以建立起品牌的独特性和识别度，从而在消费者心中留下深刻的印象。

（2）信息传递和沟通。

视觉设计在商业运作中起到了信息传递和沟通的重要作用。在商业广告、产品说明、宣传册等媒介中，视觉设计能够通过图形、色彩、文字等元素直观地传达产品或服务的信息。这些元素的选择和组合方式能够直接影响消费者对产品或服务的理解和接受程度。通过简洁明了的视觉设计，企业可以更快速、有效地传达出关键信息，提高消费者的购买决策效率。

（3）引导消费者行为。

视觉设计在商业运作中还具有引导消费者行为的作用。通过精心设计的店面布局、产品陈列、广告展示等，企业可以引导消费者的视线和注意力，从而增加他们对产品或服务的兴趣和购买欲望。例如，在超市中，通过巧妙的货架陈列和促销标识的设计，可以吸引消费者的目光，引导他们购买更多的商品。此外，视觉设计还可以通过色彩、形状、排版等元素来营造不同的氛围和情绪，进而影响消费者的购买决策。

（4）增强品牌忠诚度。

视觉设计在商业运作中对于增强品牌忠诚度也起到了关键作用。一个独特且一致的视觉设计可以帮助企业在消费者心中建立起稳定的品牌形象，增加消费者对品牌的认同感和忠诚度。当消费者看到熟悉的标志、色彩或字体时，他们会更容易回忆起品牌，并产生购买欲望。通过长期稳定的视觉设计，企业可以建立起与消费者之间的情感联系，从而增加品牌的竞争力。

（5）提高市场竞争力。

在竞争激烈的市场中，具有独特视觉设计的品牌往往更具吸引力。通过创新的视觉设计，企业可以在众多竞争对手中脱颖而出，增加销售额和市场份额。独特的视觉设计可以吸引消费者的眼球，使品牌在市场中更具辨识度和竞争力。此外，视觉设计还可以帮助企业在广告宣传、促销活动等方面取得更好的效果，进一步提高市场竞争力。

二、应用图像生成类型 AI 工具的巨大优势

在电商普及的现今，商品要在互联网上展示，必不可少的就是图片。以往商家需要耗费较大成本，经过摄影、建模、渲染、制作等环节，才能获得优质的图片。

AIGC 在图像生成方面的应用，尤其是通过深度学习和神经网络技术，已经革新

了商业设计领域。这些工具能够根据给定的指令和参数自动生成高质量的图像，为商业设计带来了以下几个巨大的优势：

（1）提高创意效率和速度：图像生成类型 AI 工具能够迅速产生大量创意图像，大大加速了设计的初期探索阶段。设计师可以利用 AI 的技术能力快速实现和迭代他们的创意，从而缩短项目周期。

（2）降低成本：传统的图像创作过程往往需要大量的人力、时间和资金投入。AIGC 图像生成技术通过自动化这一过程，显著降低了设计成本，特别是对于需要大量视觉内容的项目来说，成本节约尤为明显。

（3）创意无限：AIGC 图像生成技术的能力几乎没有限制，能够根据最新的趋势和数据生成创新和独特的设计方案。这意味着企业可以探索更多前所未有的创意可能性，打造独一无二的品牌形象。

（4）个性化和定制化：AIGC 图像生成技术能够根据用户的具体需求和偏好生成定制化的图像。在市场营销和广告设计中，这使企业能够为不同的客户群体创建更加个性化的视觉内容，提高营销效果。

（5）跨界融合的可能：AIGC 图像生成工具不受传统设计限制，可以轻松融合不同的艺术风格和元素，创造出全新的视觉表达。这种跨界融合为品牌创新和差异化竞争提供了强大工具。

（6）易于修改和迭代：与传统设计相比，AIGC 图像更容易进行修改和迭代。设计师可以基于 AI 技术生成的初稿快速调整细节，实现定制化的最终产品，提高工作效率。

（7）数据驱动的设计决策：结合图像识别和数据分析能力，企业可以更科学地分析哪些视觉元素更受欢迎，从而做出更加数据驱动的设计决策。

三、具有代表性的图片生成类型 AI 工具及其特点

1. DALL-E 一句话生成图片

DALL–E 是 OpenAI 开发的一种人工智能程序，旨在根据文本描述生成图像。该模型结合了自然语言处理和图像生成的能力，能够理解用户输入的文本提示，并基于这些提示创造出相应的图像。DALL–E 的命名灵感来自著名画家萨尔瓦多 · 达利（Salvador Dalí）和迪士尼电影中的机器人角色“WALL–E”。它的特点和功能有以下 4 点：

（1）文本到图像的生成：DALL–E 能够根据详细的文本描述生成相对应的图像，这些图像既可以非常具体，也可以是抽象和创意的表达。

（2）创意和多样性：DALL–E 展现了在理解复杂和创意性文本提示方面的强大能力，能够生成独特和多样化的图像，甚至是前所未有的概念组合。

（3）细节丰富：生成的图像不仅仅是模糊的草图，而是细节丰富、质量较高的视觉作品。

（4）演示效果：如图 3-1 所示。

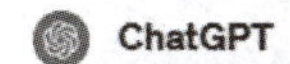

请你帮我生成一张具有中国龙年寓意的海报

ChatGPT

Here's a poster that embodies the spirit of the Chinese Year of the Dragon. It features a majestic Chinese dragon, designed to symbolize power, luck, and prosperity, entwined around the numbers of the upcoming year, with a vibrant display of traditional Chinese elements.

图 3-1　DALL-E 生成的龙年插画

2. 在线快速出图的 Midjourney

Midjourney 是一个基于人工智能的图像生成工具，专注于通过先进的深度学习技术将文本描述转换成详细的图像。它是一个研究实验室和团队，通过公开的 Beta 测试向公众提供服务，允许用户通过简单的文本提示来创建高度复杂和创意的图像。Midjourney 利用强大的 AI 模型，理解用户的文字输入，并基于这些输入生成视觉内容，这些内容覆盖了从现实主义到超现实主义，从具体对象到抽象概念的广泛范畴。它的特点和功能：

（1）文本到图像的转换：用户可以通过输入简单或复杂的文本描述，指导 AI 工具生成具体的视觉作品。这些描述可以包括场景的细节、颜色、风格、情绪等元素。

（2）高度定制化：Midjourney 提供了高度定制化的图像生成选项，允许用户探索各种视觉风格和主题。

（3）社区导向：Midjourney 强调社区参与，用户可以在平台上分享自己的创作，获得灵感，参与讨论，并从其他创作者那里获得反馈。

（4）易于使用：尽管基于复杂的技术，Midjourney 旨在为用户提供简单直观的使用体验，无须深厚的技术背景或设计经验即可创作出令人印象深刻的图像。

（5）演示效果：如图 3-2 所示。

图 3-2　Midjourney 生成的龙年插画

3. 多模型且可以实现图像精确控制的 Stable Diffusion

Stable Diffusion 是一个开源的人工智能图像生成模型，由 Stability AI 公司开发。这个模型能够根据用户提供的文本提示（prompts）生成高质量、高分辨率的图像。Stable Diffusion 的核心能力在于将文本描述转换为视觉内容，这使用户能够创造出几乎任何他们可以想象的图像，从详细的场景描绘到特定风格的艺术作品。它的特点和功能有以下 5 点：

（1）文本到图像生成：用户通过输入描述性的文本提示，Stable Diffusion 能够生成与之相匹配的图像，这些图像既可以是具体的物体，也可以是抽象的概念。

（2）自定义和灵活性：由于是基于文本的输入，用户可以非常灵活地指导生成的图像类型和风格，这包括指定艺术风格、场景、物体和情感等。

（3）高分辨率输出：Stable Diffusion 能够生成高质量的图像，适合各种应用，包括打印和数字展示。

（4）开源和易于访问：作为一个开源项目，Stable Diffusion 允许开发者和研究者自由使用和修改代码，适应不同的应用需求和实验。

（5）演示效果：空间线稿原图如图 3-3 所示。Stable Diffusion 根据线稿图片生成的空间效果图如图 3-4 所示。

图 3-3　空间线稿原图

课堂笔记

图 3-4　Stable Diffusion 根据线稿图片生成的空间效果图

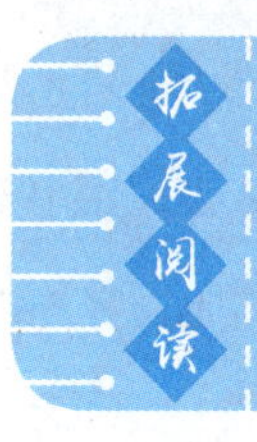

扫描二维码，查看“代表性的图片生成类型 AIGC 工具及其制作过程演示”的更多拓展知识。

四、以 Midjourney 为代表的图片生成类型 AI 工具使用技巧

Midjourney 是一个基于 AI 技术的图像生成工具，它能够根据用户输入的文本描述生成高质量、创意丰富的图像。使用 Midjourney 时，了解一些基本技巧和最佳实践可以帮助你更有效地创造出想要的视觉内容。使用 Midjourney 图像生成 AI 工具的技巧：

（1）明确需求与准确描述。

细化描述：提供尽可能明确和详细的描述。唤起机器人命令，编辑提示词描述。提示词中尽可能准确描述包括风格、颜色、主题、情境、光照条件等元素，可以帮助 AI 工具更准确地理解你的需求。

使用关键词：合理运用关键词可以引导 AI 工具更接近你想要的效果。例如，指定艺术风格（如“印象派”“未来主义”）或特定元素（如“雨中的巴黎街道”）。详细参数与词汇，参考本书配套【拓展阅读】3-2 AI 绘画关键词汇总。图片类型 AI 工具提示词结构图示如图 3-5 所示。

图 3-5　图片类型 AI 工具提示词结构图示

（2）迭代和修改。

反复试验：不要害怕多次尝试。初次生成的图像可能不完全符合预期，通过调整描述或添加详细信息，可以逐步逼近理想中的图像。

修改关键词：如果生成的图像不符合预期，考虑修改关键词或描述的顺序，甚至添加或删除某些词汇，以探索不同的生成结果。

（3）灵活运用风格指定。

指定风格：通过明确指出想要的艺术风格或视觉风格，可以显著影响最终图像的感觉。例如，“像梵高一样的星空”会引导 AI 工具生成带有梵高画风的星空图像。

混合风格：尝试混合不同的风格和元素，可以创造出独特且意想不到的视觉效果。

（4）利用社区力量。

查看案例：Midjourney 社区和其他用户分享的作品是获取灵感的宝库。通过分析他人的成功案例和使用的描述，你可以学习如何更有效地与 AI 工具交互。

分享和反馈：分享你的创作并征求反馈。社区成员的建议可以帮助你改进描述，获得更好的生成结果。

（5）注意版权和使用规范。

遵守规则：使用 AI 工具生成图像时，注意遵守相关的版权和使用规范，特别是当图像用于商业目的时。确保你有权使用生成的图像，并尊重创意共享许可协议（如果适用）。

Midjourney 和类似的 AI 工具图像生成工具为创意表达提供了新的可能性，但要充分利用这些工具，需要实践和探索以精确地向 AI 工具传达你的创意意图。通过细化描述、不断试验和调整，以及积极参与社区交流，你可以大大提高获取理想图像的概率。

五、常见的图片生成类型 AI 工具

常见的图片生成类型 AI 工具如表 3–1 所示。

表 3–1　常见的图片生成类型 AI 工具

名称	特点	公司
Midjourney	文生图、图生图；初学者好入门，模型相对优秀，图像控制力暂时不如 Stable Diffusion	Midjourney
Stable Diffusion	文生图、图生图、图生视频；图像控制力强，可训练私有化模型，技术开源	Stability AI
DELL–E	文生图；图像控制力不强，风格暂不可控	OPEN AI
LiblibAI	文生图、图生图、图生视频；图像控制力强，可训练私有化模型，国内基于 Stable Diffusion 开源技术的在线平台	哩布哩布 AI
Dreamina	文生图、图生图；国内初学者好入门	抖音
小智 AI	文生图、图生图；国内基于 Midjourney 技术引进的在线平台，国内初学者好入门	小智 AI
通义万相	文生图、图生图；国内初学者好入门	阿里巴巴

续表

名称	特点	公司
文心一格	文生图、图生图；交流平台	百度
Vega AI	文生图、图生图；国内初学者好入门	Vega AI
WHEE	文生图、图生图；综合型在线设计平台	美图
Canva AI	文生图、图生图；综合型在线设计平台	Canva AI
Firefly	与 Photoshop 同属 Adobe 公司的 AI 图像生成软件	Adobe

【任务实训】

利用 AI 制作产品展示图片。

【任务描述】

产品展示图片是商家开展经营活动必备的宣传材料，当我们使用图像生成型的 AI 工具制作产品图片时，应注意保持产品的准确性。

【任务分析】

为提高产品图片的展示效果，要有适合该产品的环境氛围搭配，来烘托产品的属性与质感。所以在制作之前，我们找一些同类型的图像模型作为参考，有利于更快出图。由于产品本身是属于企业的，AI 工具无法生成指定的样子，因此产品的白底图片需要我们自己先准备好，以便能发送给 AI 工具（需要找一个能接受垫图的 AI 工具），让它帮我们加工制作成产品的展示效果图。

【任务指导】

1. 选择模型

（1）打开 Dreamina 电脑端网页（https://www.capcut.cn/ai-tool/platform），这是抖音旗下图像生成型 AI 工具。登录账号之后，选择“创作”项。我们会发现系统推荐了很多优质的 AIGC 图像。为了能更快找到电商类产品的模型，我们选择“设计”项。找到一个有产品也有场景的图像，并且它的配色风格也是我们想要的，单击“做同款”按钮，如图 3-6 所示。

（2）如图 3-7 所示，选中模型后，根据我们对产品图片表现的需求，将提示词编辑在对话框，然后单击“立即生成”按钮。

（3）如图 3-8 所示，Dreamina 生成的 4 张备选图效果良好，不过这些图片上的产品是随机生成的，不是我们指定的产品，因此图像仍没有价值。

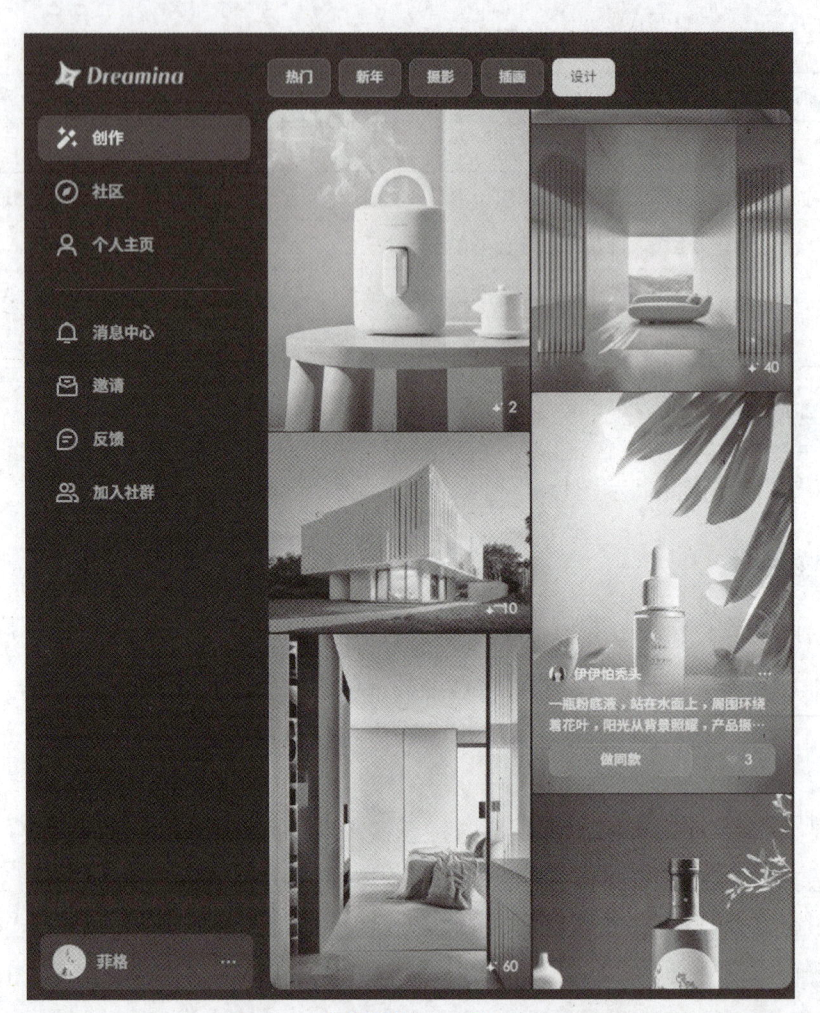

图 3-6　生成图像 AI 工具 Dreamina

图 3-7　Dreamina 的对话框中输入提示词

课堂笔记

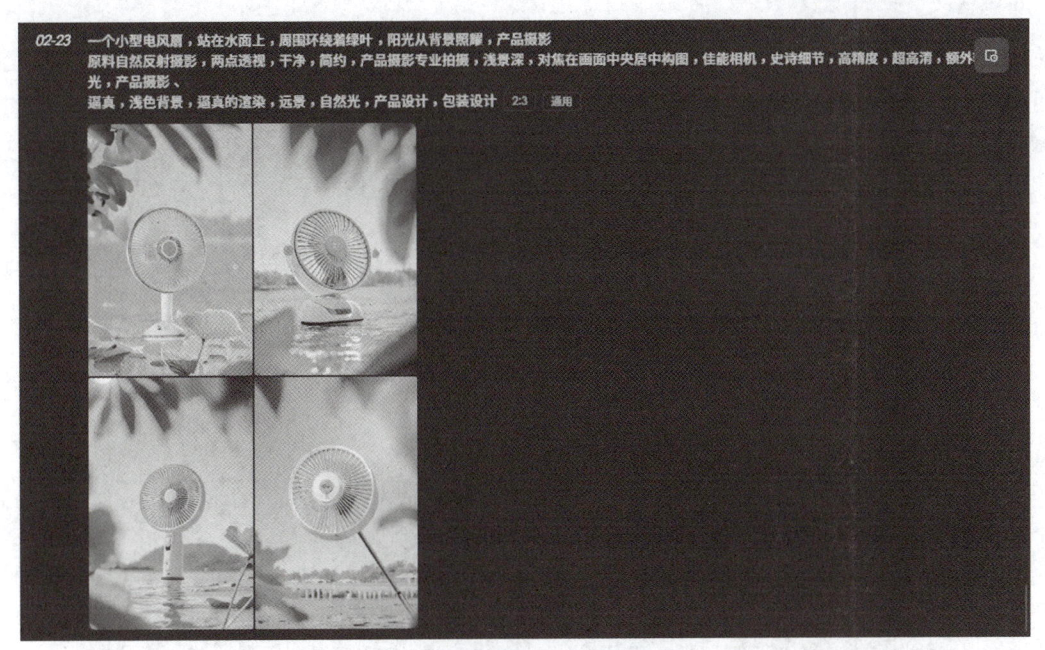

图 3–8　Dreamina 生成图像 1

2. 使用指定的产品

（1）电商产品通常是已经有现成的产品，那么我们可以将自己的产品图片，发送给 Dreamina，让它识别。单击“导入参考图”按钮。在弹出框中选择“主体”，等待系统识别，如图 3–9 所示，青色的部分代表被选中状态。如果还有未被选中的位置，则选择“画笔”将其要保留的部分全部涂成青色，单击“保存”按钮。

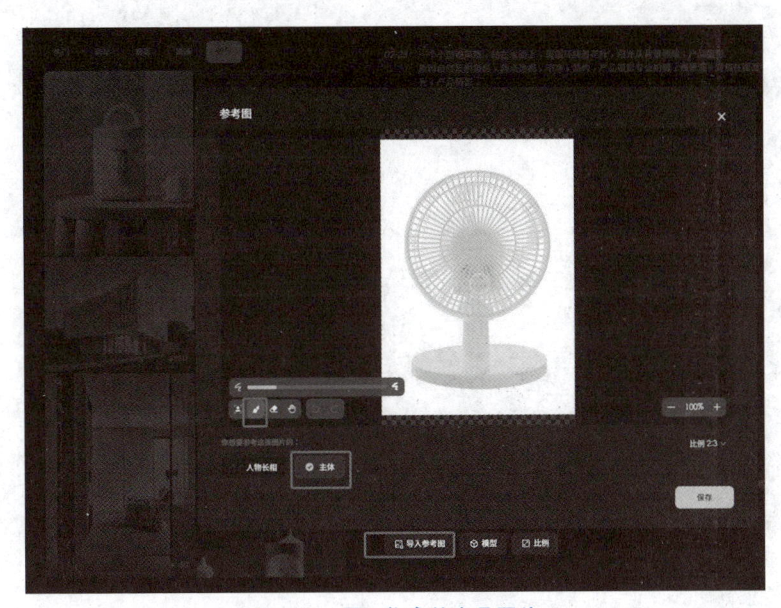

图 3–9　导入指定的产品图片

（2）如图 3–10 所示，提交的图片作为提示词出现在对话框中。确定模型为“通用”，比例为 2:3，然后单击“立即生成”按钮。

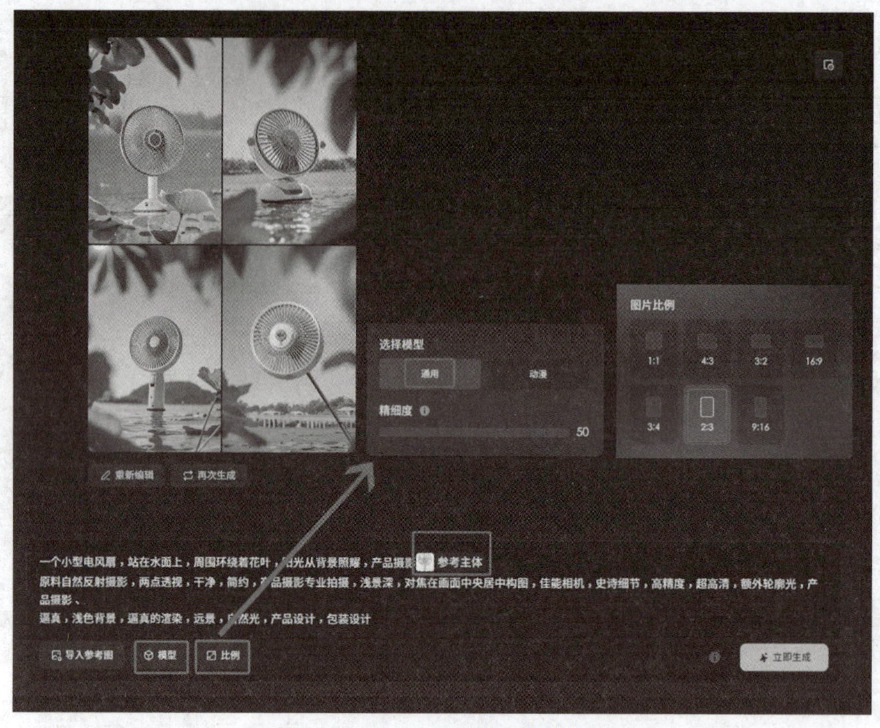

图 3-10 Dreamina 详细参数控制

（3）如图 3-11 所示，生成的图像中，第 4 张绿叶更丰富一些，则选择“HD”将这张导出高清版本。

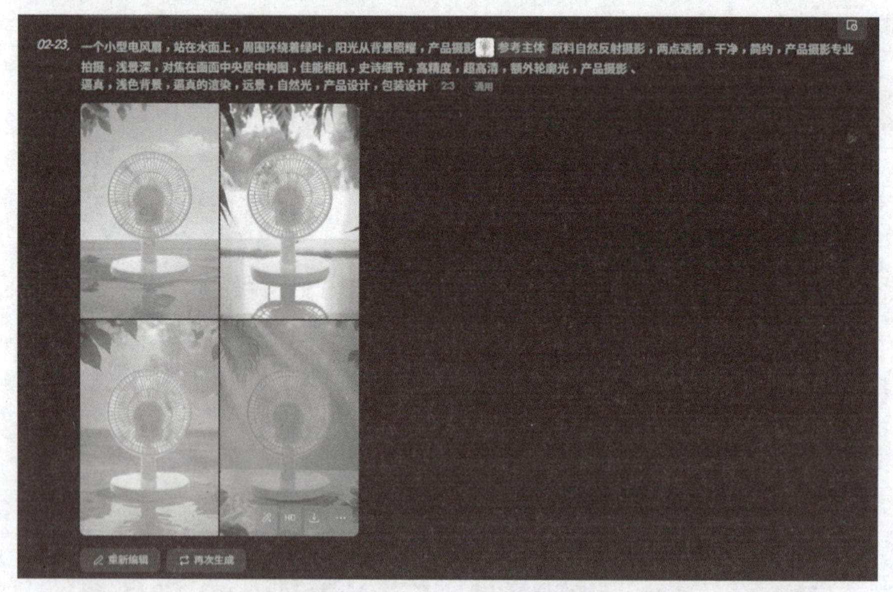

图 3-11 Dreamina 生成图像 2

3. 局部优化

（1）针对这张图片我们还可以继续优化，让其右上角再增加一些绿叶。单击这张图片上的“局部重绘”图标，如图 3-12 所示。

课堂笔记

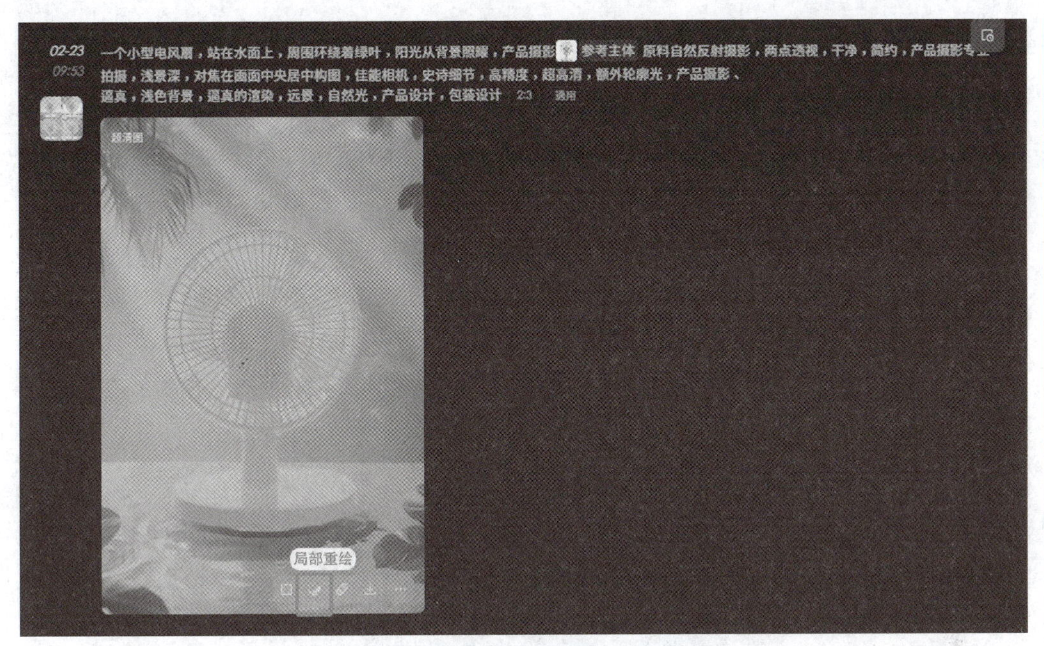

图 3-12 Dreamina 生成图像进行局部重绘

（2）如图 3-13 所示，选择“画笔”图标将想调整的位置用笔刷涂好，并在提示框中输入此处要出现的物体：绿叶。

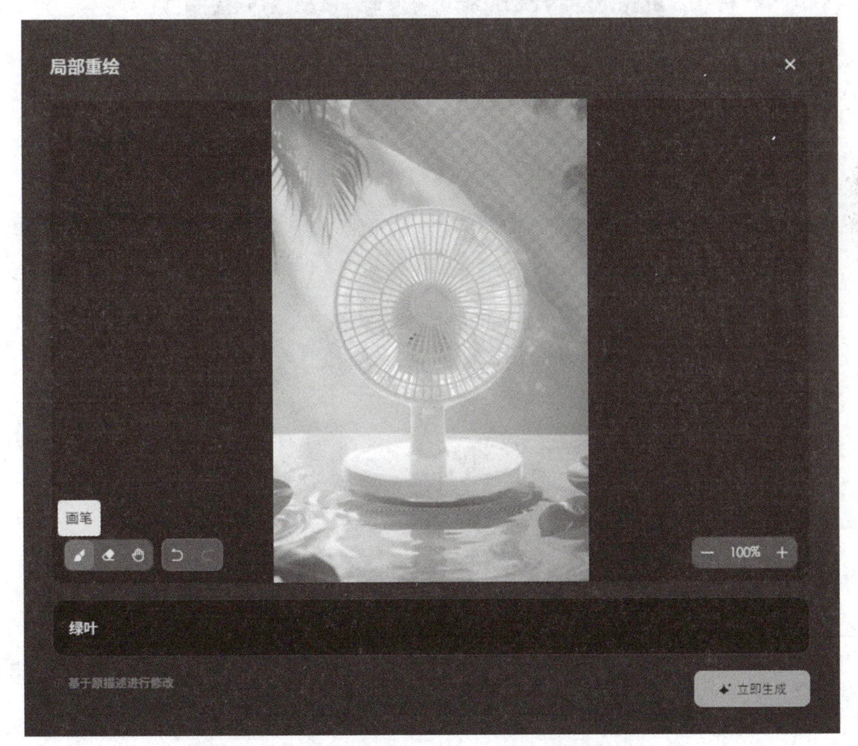

图 3-13 使用画笔工具进行局部重绘区域选择

（3）如图 3-14 所示，Dreamina 生成了 4 张图像，选择最满意的一张即可单击“超高清”图标。

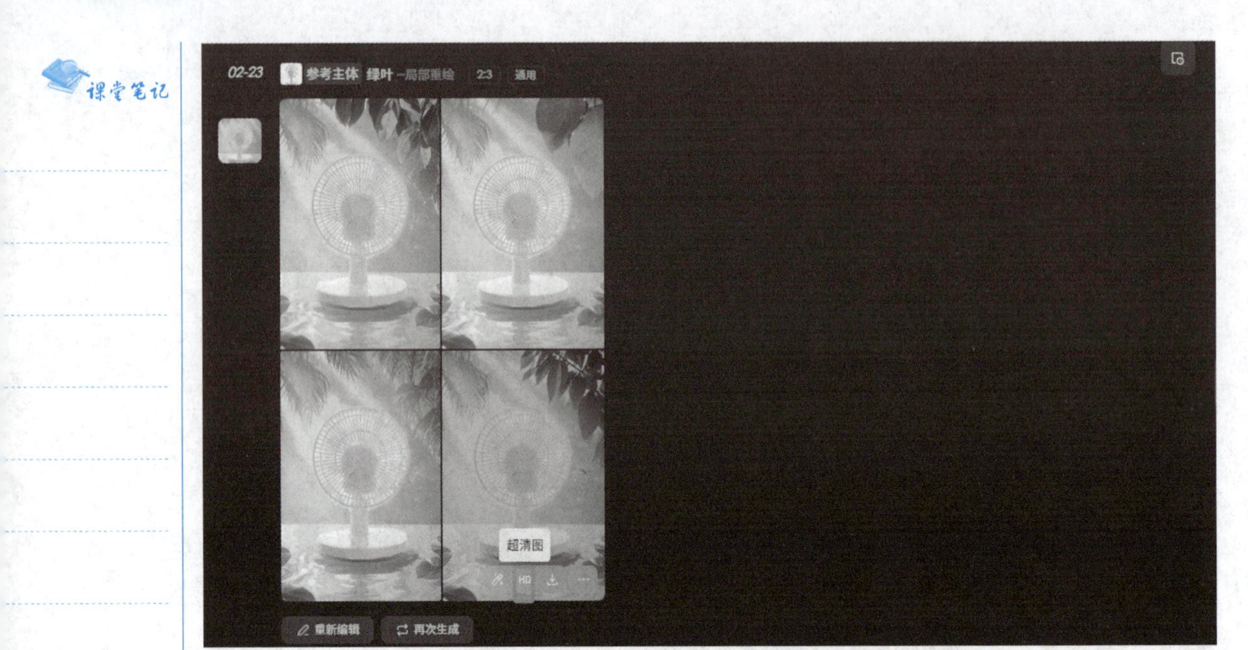

图 3-14　Dreamina 生成图像 3

（4）如图 3-15 所示，通过 Dreamina 获得了一张优质产品图片。

图 3-15　Dreamina 生成的风扇产品图像

【任务实施】

利用 AI 工具制作产品展示图片。

课堂笔记

（1）选择模型，编辑提示词。

（2）使用指定的产品。

（3）局部调整后输出。

【任务思考】

如何改进提示词以得到更精确的内容？

任务二 利用 AI 制作人物角色图片

【案例引入】

AIGC 助力服饰企业效率升级、销量增加

2023 年，中国电商领域 AI 生成内容的市场规模已达 4 亿元，预计 2024 年还将保持 3~4 倍的高速增长。越来越多的电商品牌将加入这一新技术的应用中来。AI 生

成内容对于人力和内容资源匮乏的中小电商品牌具有重要意义。AI 生成内容已在电商领域得到广泛应用，主要服务于品牌方的流量运营。其主要应用平台包括小红书、抖音等电商平台。相比人工内容制作，AI 生成内容可以将成本降低 80% 以上，大幅降低了品牌内容生产门槛。同时可以实现内容规模化生产，扩大内容触达面。

一些头部电商品牌如安踏、李宁等已经开始使用 AI 生成内容方案。一些成功案例显示，合理使用 AI 内容工具可以直接增强品牌销售额。极睿科技创始人武彬，通过他对产业的理解与技术落地应用的预期，来帮助还原技术商业世界的规则与规律。客户通过使用极睿科技的 AI 工具，提高生产效率，降低人力成本，提高企业数据分析与运营决策效率。比如在双 11 期间，伊芙丽与迪桑特通过使用这些 AIGC 工具，进行短视频或图文推广，营业额增长 3 000 万元。

【知识学习】

一、模特摄影图像的商业应用普及的现象

（一）模特摄影图像应用普及的现象

模特摄影，作为一种以模特为拍摄对象的摄影艺术形式，在商业领域中已经得到了广泛的普及和应用。随着科技的发展和市场需求的不断变化，模特摄影图像在商业应用中的作用越发重要。本文将从多个方面分析模特摄影图像在商业应用普及的现象以及其带来的作用。

1. 广告行业的广泛应用

在广告行业中，模特摄影图像是最常见的视觉元素之一。无论是电视广告、平面广告还是网络广告，模特摄影图像都能够通过其直观、生动的表现形式吸引消费者的注意力。模特摄影图像不仅能够展示产品的特点和优势，还能够传递品牌理念和价值观，增强品牌的认知度和美誉度。

2. 电子商务的兴起

随着电子商务的快速发展，模特摄影图像在在线购物平台上的作用越发凸显。高质量的模特摄影图像能够直观地展示商品的外观、质地和细节，帮助消费者更好地了解商品信息，提高购买决策的准确性。同时，模特摄影图像还能够营造出时尚、高端的购物氛围，提升消费者的购物体验。

3. 社交媒体的影响力

社交媒体作为现代人获取信息的重要渠道之一，也是模特摄影图像的重要传播平台。模特摄影图像通过社交媒体平台的分享和传播，能够迅速吸引大量关注和讨论，提高品牌或产品的曝光度和影响力。同时，模特摄影图像还能够与消费者建立情感连接，增强消费者对品牌或产品的认同感和忠诚度。

（二）模特摄影图像在商业活动中的作用

1. 传递信息

模特摄影图像作为一种视觉语言，能够直观地传递产品或品牌的信息。通过模特的演绎和摄影师的构图技巧，模特摄影图像能够准确地展示产品的特点、功能和优势，帮助消费者快速了解产品信息。同时，模特摄影图像还能够传递品牌的理念和价值观，塑造品牌形象，提高品牌认知度。

2. 激发购买欲望

高质量的模特摄影图像能够展现出商品的美感和价值，从而激发消费者的购买欲望。模特摄影图像通过展示商品的外观、质地和细节，让消费者感受到商品的品质和价值，进而产生购买冲动。同时，模特摄影图像还能够营造出时尚、高端的购物氛围，提升消费者的购物体验，进一步促进购买行为的发生。

3. 增强品牌认知度

模特摄影图像作为品牌形象的重要组成部分，能够通过视觉元素和艺术表现形式来塑造和传递品牌的价值和理念。通过模特摄影图像的传播和展示，消费者能够更深入地了解品牌的内涵和特点，从而增强对品牌的认知度和认同感。这种认知度和认同感的提升有助于巩固品牌在市场中的地位和影响力。

4. 塑造产品差异化

在竞争激烈的市场环境中，产品差异化是品牌获得竞争优势的重要手段之一。模特摄影图像能够通过独特的视角、构图和表现方式来突出产品的独特性和创新性，从而在消费者心中形成独特的印象和认知。这种差异化的塑造有助于品牌在市场中脱颖而出，吸引更多消费者的关注和选择。

5. 构建情感连接

模特摄影图像不仅能够传递产品信息和品牌价值，还能够与消费者建立情感连接。通过模特的演绎和摄影师的艺术处理，模特摄影图像能够传递出情感、故事和共鸣等元素，让消费者在欣赏图片的同时产生共鸣和情感认同。这种情感连接的建立有助于增强消费者对品牌或产品的忠诚度和黏性，提高消费者的复购率和口碑传播效果。

二、利用 AI 生成模特图片在商业活动中发挥的重要作用

随着人工智能技术的发展，AI 工具在生成模特图片方面已经取得了显著的进步。由 AI 工具生成的模特图片在商业活动中发挥着越来越重要的作用，主要体现在以下几个方面：

1. 提高效率和生产力

传统的模特摄影通常需要花费大量的时间和资源，包括寻找合适的模特、安排拍摄、后期处理等。而使用 AI 工具生成模特图片则可以大大缩短这个过程。AI 工具可

以在短时间内生成高质量的模特图片，从而大大提高效率和生产力。这对于商业活动来说至关重要，尤其是在快节奏的市场环境中，快速响应和高效运作是取得竞争优势的关键。

2. 降低成本

使用 AI 工具生成模特图片还可以显著降低商业活动的成本。传统的模特摄影需要支付模特费用、场地租赁、摄影师和后期人员的工资等，而 AI 工具则无须这些额外成本。此外，AI 工具还可以根据需求自动生成多张图片，从而进一步降低了成本。这对于预算有限的商家来说尤为重要，使他们能够以更低的成本获得更多的宣传材料和视觉内容。

3. 增加创意和多样性

AI 工具生成的模特图片具有极高的创意和多样性。AI 算法可以学习并模拟真实模特的表情、姿势和风格，从而生成具有独特美感和吸引力的图片。此外，AI 工具还可以根据用户需求调整图片的风格、色彩和构图等要素，为用户提供更加个性化和多样化的选择。这种创意和多样性有助于商家在竞争激烈的市场中脱颖而出，吸引更多消费者的关注和兴趣。

4. 优化用户体验

使用 AI 工具生成的模特图片可以为用户提供更加优质和真实的购物体验。高质量的模特图片能够展示产品的细节和特点，帮助用户更好地了解产品信息和特点。同时，AI 工具生成的模特图片还具有高度的真实感和可信度，能够增强用户对产品的信任感和购买意愿。这种优化的用户体验有助于提高用户的满意度和忠诚度，进而促进销售和品牌发展。

5. 促进数字化转型和创新

使用 AI 工具生成模特图片也是商业活动数字化转型和创新的重要一环。随着数字化技术的普及和应用，越来越多的商家开始将传统的实体店面转向线上平台。而高质量的模特图片是线上平台吸引用户、提升品牌形象和促进销售的关键因素之一。通过使用 AI 工具生成模特图片，商家可以更加高效、低成本地获取高质量的视觉内容，从而加速数字化转型和创新进程。

【任务实训】

利用 AI 制作人物角色图片。

【任务描述】

采用模特展示电商商品或形象代言，在商业应用中的需求普遍存在。本任务要求使用图片生成类型 AI 工具，制作人物角色图片。

课堂笔记

【任务分析】

电商中应用模特来展示产品十分常见，以服饰为例，在制作之前先根据商家具体需求，分析确定模特的性别、年龄、种族、展示风格等，以便输出精准的关键词。Stable Diffusion 这款 AI 工具可以实现骨骼姿势生成模特图片，总体来说非常便利，只需要准确编辑关键词，即可快速生成模特图片。

【任务指导】

1. 部署 Stable Diffusion 或同类型工具

（1）如图 3–16 所示，访问青椒云的网页（https://www.qingjiaocloud.com/）下载客户端。

图 3–16 云电脑平台青椒云

（2）如图 3–17 所示，第一次登录客户端选择“+ 新增云桌面”。

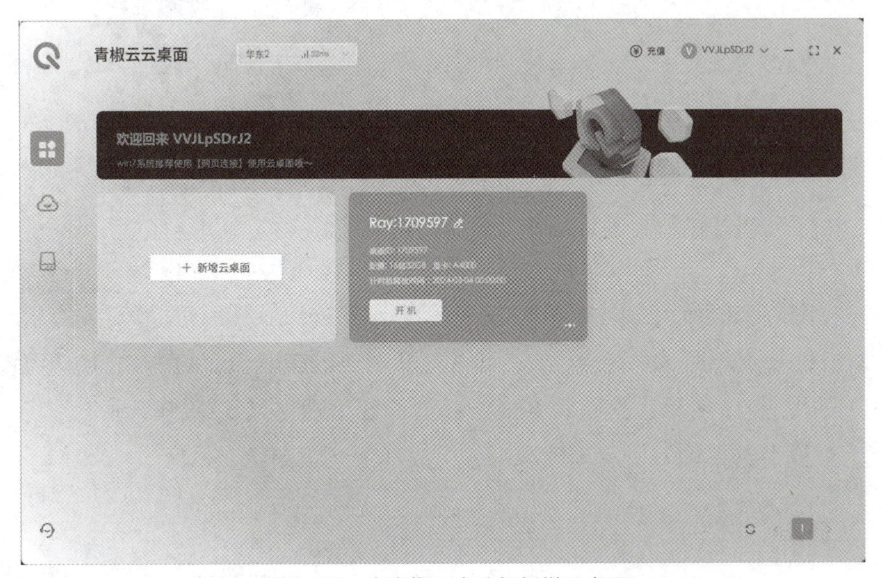

图 3–17 在青椒云中选择新增云桌面

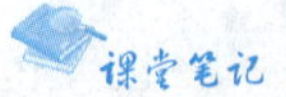

（3）如图 3-18 所示，选择与我们需求相近的共享配置。

图 3-18　在青椒云中选择云端电脑

（4）如图 3-19 所示，确定好之后，即可选择开机。

图 3-19　选好机型后单击“开机”按钮

（5）如图 3-20 所示，同类型需求配置的云电脑桌面上一般都安装有“A 启动器”，双击打开，选择“一键启动”，即可打开 Stable Diffusion 的 WEB UI 界面。

（6）如图 3-21 所示，这是将 Stable Diffusion 呈现在网页端的绘画工作场景。主要区域为：模型选择区、提示词填写区、生成选项区、图像显示区。

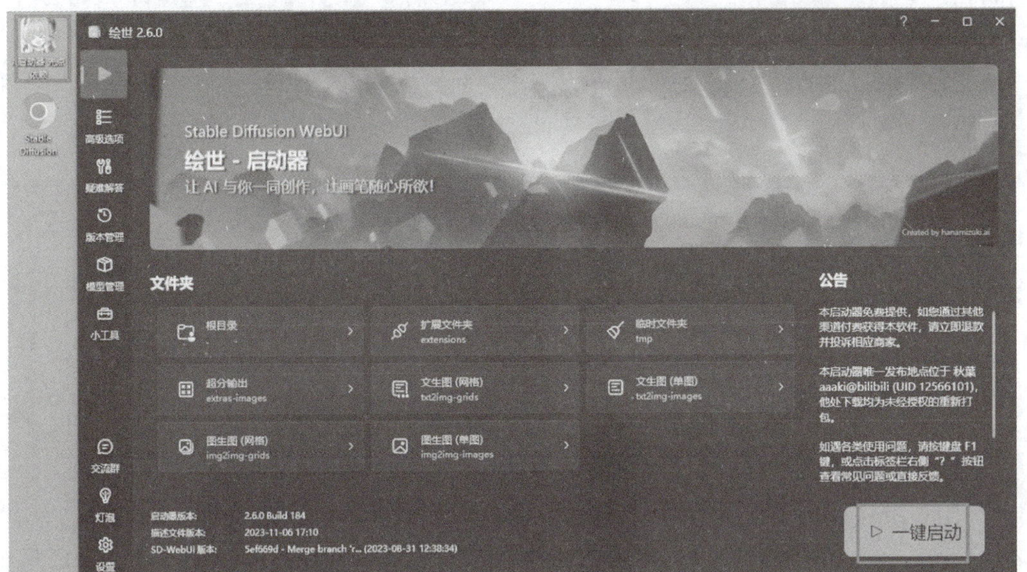

图 3-20　双击“A 启动器”开启 Stable Diffusion

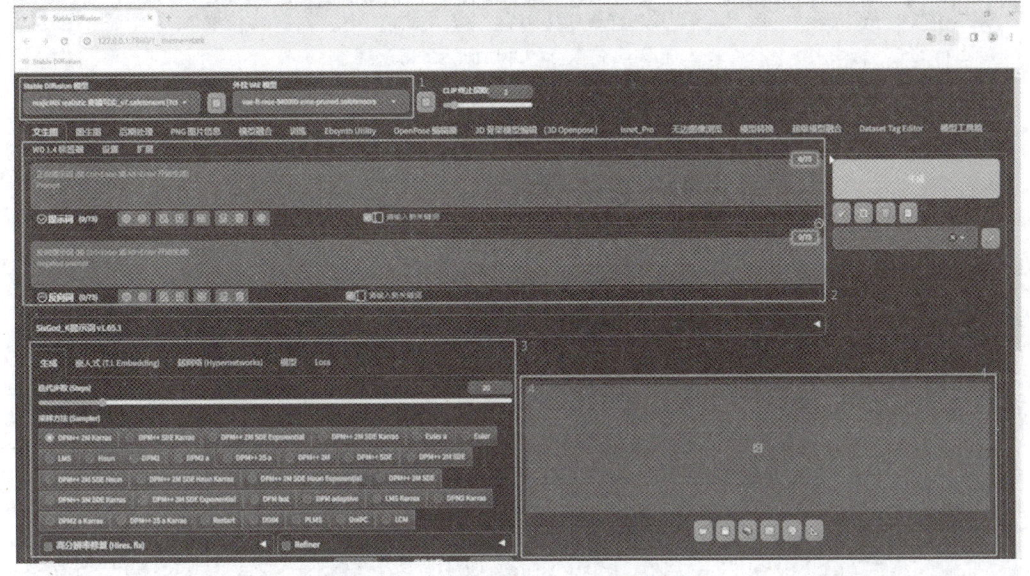

图 3-21　Stable Diffusion 的工作界面

2. 选择模型及编辑参数设置

（1）本次的任务是使用 Stable Diffusion 生成模特图片（属于文生图）。先选择写实人像模型“麦橘写实”，如图 3-22 所示。

（2）凭空生成指定动作的模特，此时需要用到 OpenPose 编辑器。如图 3-23 所示，选择我们想要的图片尺寸，建议先选择竖向的画面尺寸，单击“添加”按钮，即可在右侧看到人型骨骼框架。

课堂笔记

图 3–22 选择 Stable Diffusion 其中一个模型

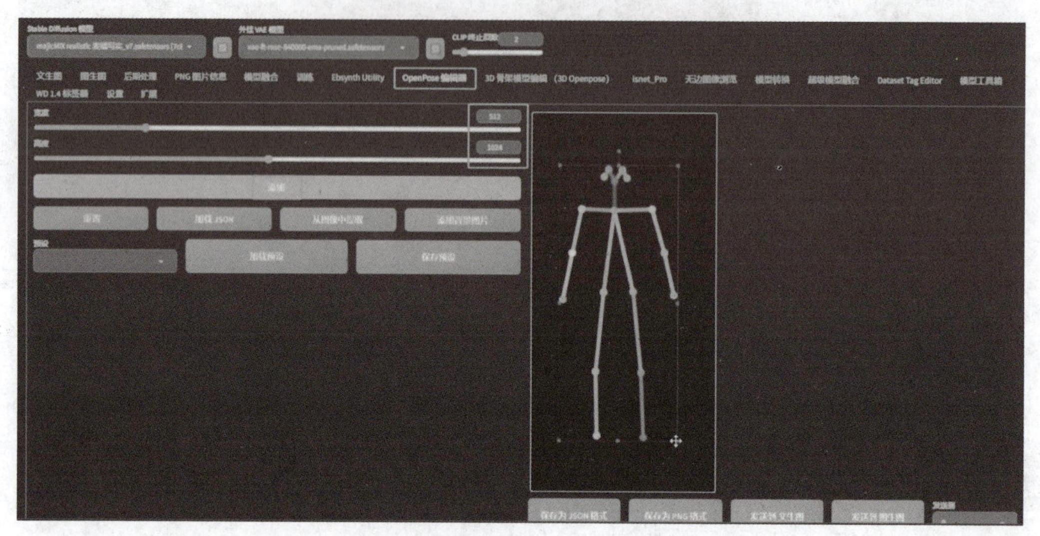

图 3–23 选择 OpenPose 编辑器

（3）如图 3–24 所示，用鼠标直接拖动骨骼调整好想要的姿势，单击下方“发送到文生图”按钮。

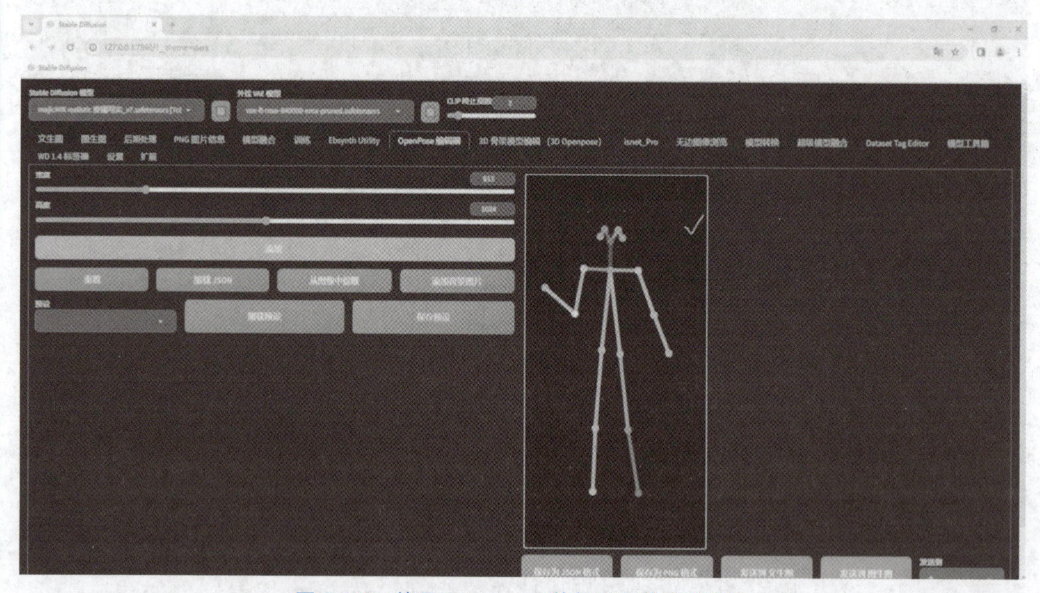

图 3–24 使用 OpenPose 编辑器制作骨骼姿势

（4）回到主界面，如图 3–25 所示，刚刚制作的骨骼造型在 ControlNet 左侧的“图像”框中呈现，我们选择“启用”→“完美像素模式”→“允许预览”。控制类型选择“OpenPose（姿态）”，预处理器选择为“none”，然后单击旁边的小火花，可以看到右侧的“预处理结果预览”中呈现了这个骨骼框架，这代表机器读取到我们的骨骼了。

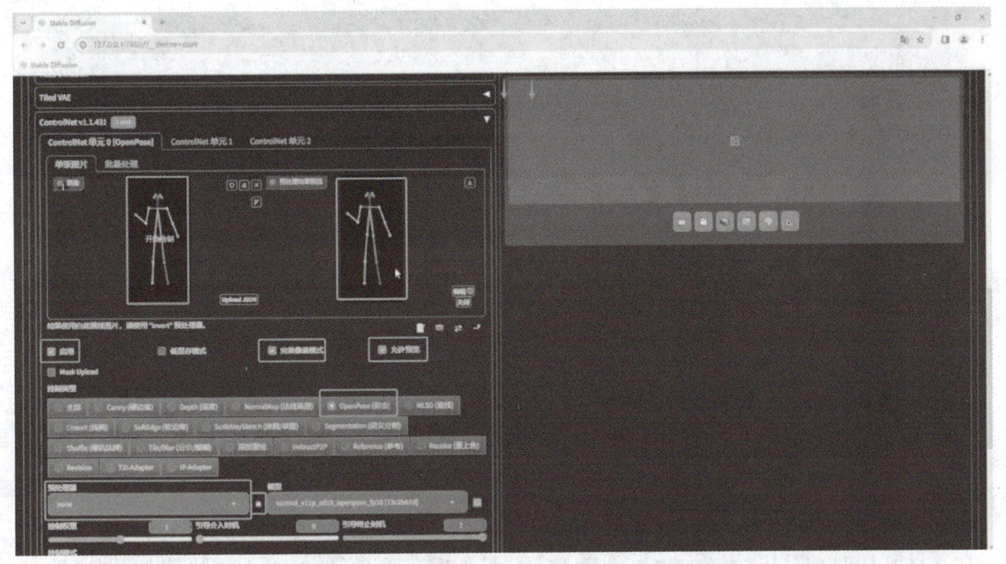

图 3-25 调用 ControlNet 识别骨骼姿势

（5）在“生成”选项中编辑迭代步数为 35，选择“Euler a”，编辑宽度与高度，如图 3-26 所示。

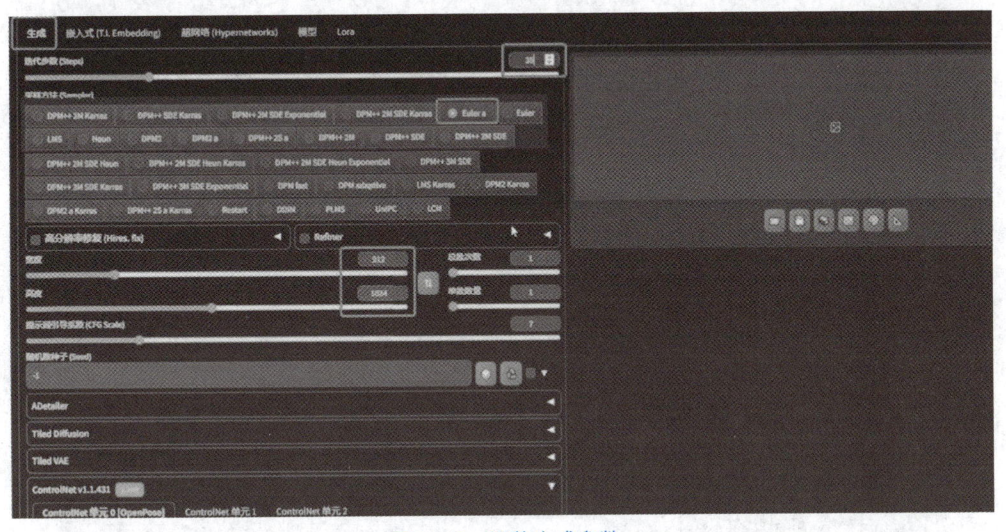

图 3-26 调整生成参数

（6）如图 3-27 所示，展开 Adetailer ，勾选“启用 After Detailer”这对于生成人物的面部精致度有着至关重要的影响。

3. 编辑与提示词，生成图像

（1）如图 3-28 所示，填写正向提示词，描述一个女孩，穿着学院风制服：1 girl，super long legs，standing，Professional studio，integrated short skirt，pantyhose，indoors。填写反向提示词，描述不要坏的手、不好的质量等：nsfw，ng_deepnegative_v1_75t，badhandv4，（worst quality:2），（low quality:2），（normal quality:2），lowers，watermark，monochrome。

图 3-27 调用 Adetailer

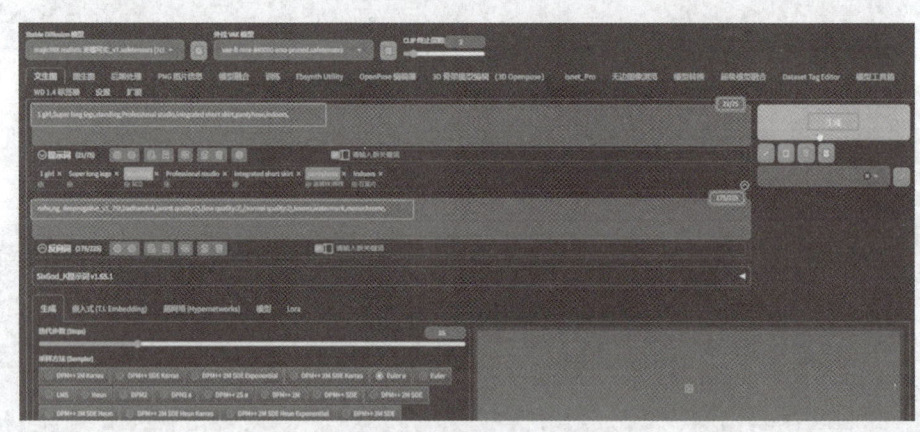

图 3-28 编辑提示词汇

上述提示词中（low quality：2），在词组外加括号，并且在括号内加冒号与数值，这代表强调的作用，让机器重视我们非常介意不好的质量，数字代表强化的程度。

（2）如图 3–29 所示，单击“生成”按钮，等待进度条拉满，图像即可单击放大并保存，最终生成效果如图 3–30 所示。

图 3-29 等待图像加载过程

图 3-30　根据骨骼姿势生成的人像图片

课堂笔记

【任务实施】

制作人物角色图片。

（1）部署 Stable Diffusion 或同类型工具。

（2）选择模型及编辑参数设置。

（3）编辑与提示词，生成图像。

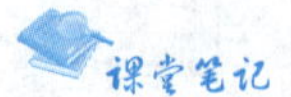

【任务思考】

换一个场景，那么提示词该如何调整？

Stable Diffusion 的提示词与 Midjourney 的提示词在用法上有什么区别？

任务三 利用 AI 工具结合 Photoshop 制作商业海报图片

【案例引入】

二十四节气是反映一年中自然现象和农事活动季节特征的二十四个节候，是中国的传统文化，指导着农业生产，同时也影响着人们的饮食。美团买菜是美团自营的生鲜零售业务，从业务属性出发，美团买菜打造了“知食节气”的营销 IP，创作了一系列节气主题的创意海报，弘扬传播中国传统文化，向用户科普时令饮食。帮大家吃得更好，生活更好。中国传统节气的海报，新颖的构图引起了大众的喜爱与关注。[①] 如图 3-31 所示为美团买菜二十四节气海报。

图 3-31　美团买菜二十四节气海报

【知识学习】

优秀的海报在企业市场宣传中发挥着重要作用。通过塑造品牌形象、增强用户黏性、传递营销信息、扩大品牌影响力和促进销售转化等多个方面的综合作用，优秀的

---

① 内容来源：https://www.zcool.com.cn/work/ZNjM4ODE4Njg=.html。

海报能够为企业带来诸多益处。因此，企业在进行市场宣传时，应充分重视海报的设计和制作，以发挥其最大的宣传效果。

一、商业节日海报应用普及的现象分析

在当今的商业环境中，视觉营销已经成为一种非常重要的策略。其中，商业节日海报作为一种重要的视觉营销工具，其普及和应用已经越来越广泛。无论是大型的商业连锁企业，还是小型的地方性商家，都会在各种商业节日来临之际，推出精心设计的海报来吸引消费者的注意。

现象 1：普及程度提高。随着科技的进步和数字化工具的普及，商业节日海报的制作和发布变得越来越容易。商家无须再依赖传统的印刷方式，而是可以通过互联网和社交媒体等渠道，快速、低成本地发布自己的海报。这种便捷性使更多的商家愿意使用商业节日海报来进行营销。

现象 2：个性化与定制化趋势。随着消费者需求的多样化，商业节日海报的设计也越来越注重个性化和定制化。商家会根据自己的品牌形象、目标受众以及节日主题等因素，设计出独具特色的海报。这种个性化的设计不仅可以提升商家的品牌形象，还能增加消费者对商家的认同感。

现象 3：多元化与互动性增强。传统的商业节日海报往往只是静态的图片和文字，而现在，随着技术的进步，商业节日海报已经变得越来越多元化和互动化。商家可以通过添加二维码、AR 技术等方式，使海报变得更加生动有趣，同时也能增加与消费者的互动。

现象 4：品牌宣传与推广手段。商业节日海报是商家进行品牌宣传和推广的重要工具。通过精心设计的海报，商家可以向消费者展示自己的品牌形象、产品特点和优惠活动等信息。这种直观、生动的宣传方式，不仅可以吸引消费者的注意，还能提升消费者对品牌的认知度和好感度。

现象 5：营造节日氛围。商业节日海报往往具有浓厚的节日氛围，可以通过色彩、图案和文字等元素，营造出欢乐、喜庆的节日气氛。这种氛围的营造，不仅可以吸引消费者的目光，还能增加消费者对节日的期待和兴趣。

现象 6：引导消费与促进销售。商业节日海报通常会包含商家的优惠活动和信息，可以引导消费者进行消费。通过海报上的折扣、赠品等吸引消费者的眼球，促使他们产生购买欲望。同时，海报上的产品展示和介绍也可以帮助消费者更好地了解产品，从而做出购买决策。

现象 7：增强社交互动。随着社交媒体的普及，商业节日海报也成为商家与消费者互动的重要平台。商家可以通过社交媒体发布海报，与消费者进行互动和交流。这种互动不仅可以增加消费者对商家的关注度和好感度，还能帮助商家更好地了解消费者的需求和反馈，从而改进产品和服务。

二、利用 AI 生成商业节日海报的应用前景

随着人工智能技术的不断发展，AI 生成图像在商业应用中的普及已经成为一种趋势。从设计、营销到产品展示等多个领域，AI 生成图像都展现出了其独特的价值和潜力。AI 生成图像因需求而生。

1. 技术成熟与成本降低

近年来，AI 生成图像的技术不断成熟，算法和模型不断优化，使生成的图像质量和真实性得到显著提升。与此同时，随着计算资源的增加和算法优化，AI 生成图像的成本也在逐渐降低，使更多的企业能够负担得起这种技术。

2. 应用场景多样化

AI 生成图像的应用场景非常广泛，涵盖了从产品设计、包装设计、广告创意、营销宣传到虚拟现实等多个领域。在这些场景中，AI 生成图像能够帮助企业快速生成高质量的图像，提高工作效率，同时降低成本。

3. 个性化与定制化需求

随着消费者需求的多样化，企业和商家对个性化和定制化的需求也在不断增加。AI 生成图像技术能够根据用户需求，快速生成符合要求的图像，满足用户的个性化需求。这种定制化的服务不仅能够提升用户体验，还能够为企业创造更多的商业价值。

4. 社交媒体与互联网的推动

社交媒体和互联网的普及为 AI 生成图像的商业应用提供了广阔的市场。通过社交媒体和互联网，企业可以迅速传播和推广 AI 生成的图像，吸引更多的用户关注和参与。同时，这些平台也为用户提供了更多的互动和参与机会，进一步推动了 AI 生成图像在商业应用中的普及。

【素养园地】

淘宝新增“AIGC”类目

近日，淘宝悄悄在类目中增加了“AIGC”这个名称。淘宝近年来一直在积极探索和引入人工智能技术，以提升用户体验和商家运营效率。

淘宝新增“AIGC”类目可看作是其不断推动技术创新和升级的一部分。通过引入 AIGC 技术，淘宝可以为用户提供更加个性化、多样化的购物体验，同时帮助商家更好地展示和推广商品。淘宝新增“AIGC”类目具有深远的意义，这不仅是电商平台技术革新的体现，更是对消费者购物体验和商家经营模式的全面升级。

首先，对于消费者来说，新增的“AIGC”类目意味着购物选择更加丰富。过去，消费者主要依赖传统的商品分类进行搜索和筛选，而 AIGC 技术的引入将使商品展示更加多样化和个性化。通过 AI 技术，消费者可以享受到更精准的推荐服务，根据个人的喜好和需求快速找到心仪的商品。这无疑将大大提高购物的效率和质量，为消费

者带来更加优质的购物体验。

其次，从商家的角度来看，新增的“AIGC”类目为商家提供了展示创新能力和技术实力的新平台。商家可以通过 AIGC 技术，将商品以更加生动、形象的方式呈现给消费者，从而吸引更多的关注和购买。同时，AIGC 技术还可以帮助商家实现智能客服、虚拟人直播等功能，降低运营成本，提高销售效率。这将有助于商家在激烈的市场竞争中脱颖而出，扩大销售渠道，提升品牌影响力。

总的来说，淘宝新增“AIGC”类目具有积极的意义，商家通过 AIGC 技术，商品展示更加多样化和个性化，先展示后下单，灵活调度生产能力，为商家提供展示创新能力和技术实力的新平台，也为消费者带来更加丰富的购物选择和优质的购物体验，推动电商行业的创新发展。

【任务实训】

利用 AI 结合 Photoshop 制作商业海报图片。

【任务描述】

使用图片生成类型 AI 工具，工具结合 Photoshop 制作商业海报图片。

【任务分析】

对于图片生成类型 AI 工具，生成的图片通常是展示具体物体、场景、绘画画面等，图片上没有文字，并且 AI 工具目前不能直接生成文字在图像上。所以如果为了让 AI 工具有更好的商业用途，需要我们后期添加文字，再者 AI 生成的画面在实际应用中也会需要根据要求进行尺寸调整等，因此常用的图像处理工具 Photoshop 能起到非常大的作用。也就是说，先用 AI 工具生成图像，再用 Photoshop 进行后期处理，将实现图像的准确控制与使用。本任务我们以商业活动中经常要处理的节日海报为案例。

【任务指导】

1. 选择模型，编辑提示词

打开 Dreamina 电脑端网页（https://www.capcut.cn/ai-tool/platform），我们需要先找到合适的风格模板，如图 3-32 所示，选择一个适合作为节日场景的风格，单击“做同款”按钮，将默认提示词按自己的需求进行调整：中秋月亮，中国水上亭台楼阁，一只小兔子在楼阁屋顶，明亮的风格，动漫美学，云朵，烟花，浪漫场景，日本漫画，参考宫崎骏画风。

图 3-32　Dreamina 中选择做同款生成图像

2. 调整尺寸并导出

（1）如图 3-33 所示，将比例调整为 9∶16 更适合在手机上展示效果，将模型选择为“动漫”模型。

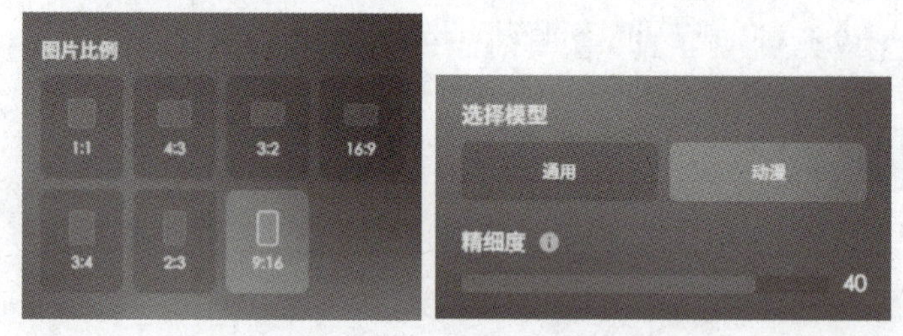

图 3-33　Dreamina 中参数选择

（2）如图 3-34 所示，在生产的 4 张图像中，选中满意的图像下载（如果图像不满意，则继续生成）。

图 3-34　Dreamina 生成的中秋相关画面

3. Photoshop 后期处理

（1）图片生成类型 AI 工具无法识别文字字体，不能直接输出正确的文字，所以实际应用中，想要让海报上有信息传递，我们需要将 AI 工具生成的图像在 Photoshop 中打开，进行文案编辑与调整。双击如图 3–35 所示的 Photoshop 图标，打开 Photoshop 软件。在 Photoshop 的菜单栏里找到“文件”→“打开”我们刚刚下载的图片。

图 3–35　Photoshop

（2）在 Photoshop 界面中，左侧一列的工具栏中找到“T”文本工具，在画面上单击一下，开始输入文字。输入文字时要注意：字体的选择、文字字号、文字颜色，如图 3–36 所示。

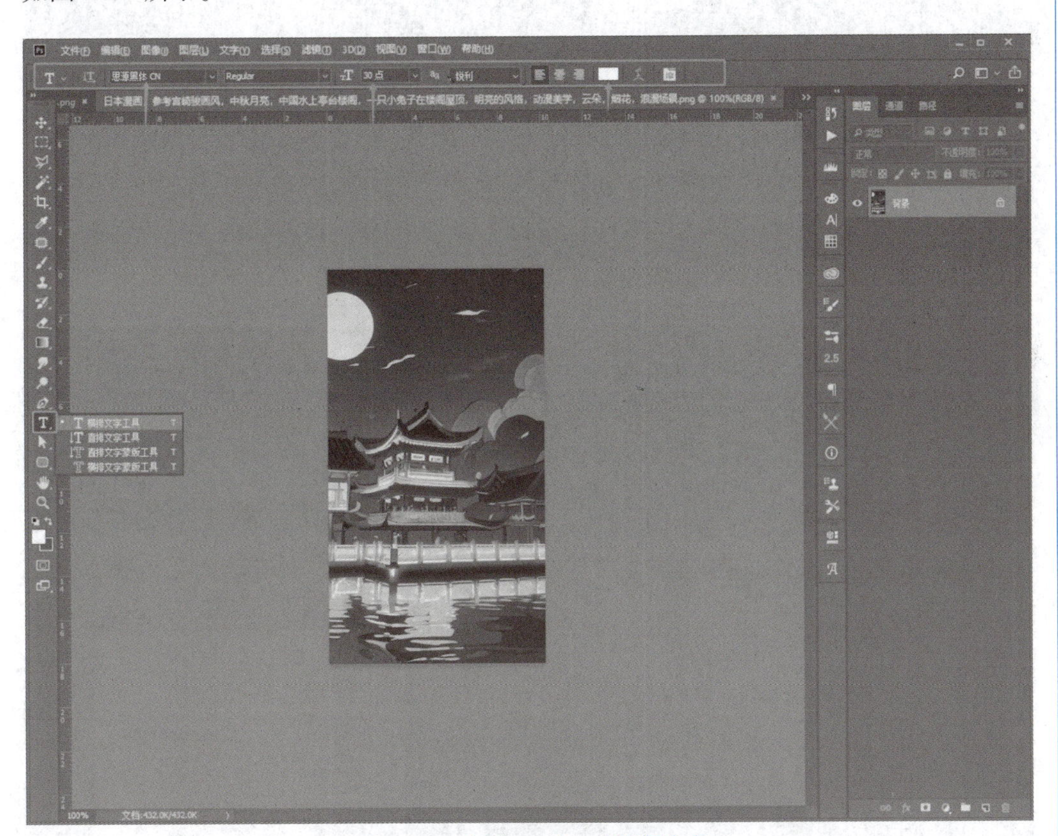

图 3–36　在 Photoshop 中编辑文字

（3）如图 3–37 所示，输入文字之后，单击上方属性栏“√”打钩提交。此处可以打开切换到字符面板，这样就能在右侧打开更详细的文字控制窗口。

图 3-37　Photoshop 中的字符面板

（4）常规的字体编排在视觉信息传递中没有亮点，不能突出主题。因此在制作海报时，通常需要对字体进行调整。如图 3-38 所示，继续使用“T”工具，在画面中将刚才的文字选中，切换字体为“庞门正道粗书体”。选择字体时需要注意字体的版权问题，可以选择没有版权风险的字体去应用。

图 3-38　字体的选择

（5）如图 3–39 所示，将部分文字调整成竖向排版。

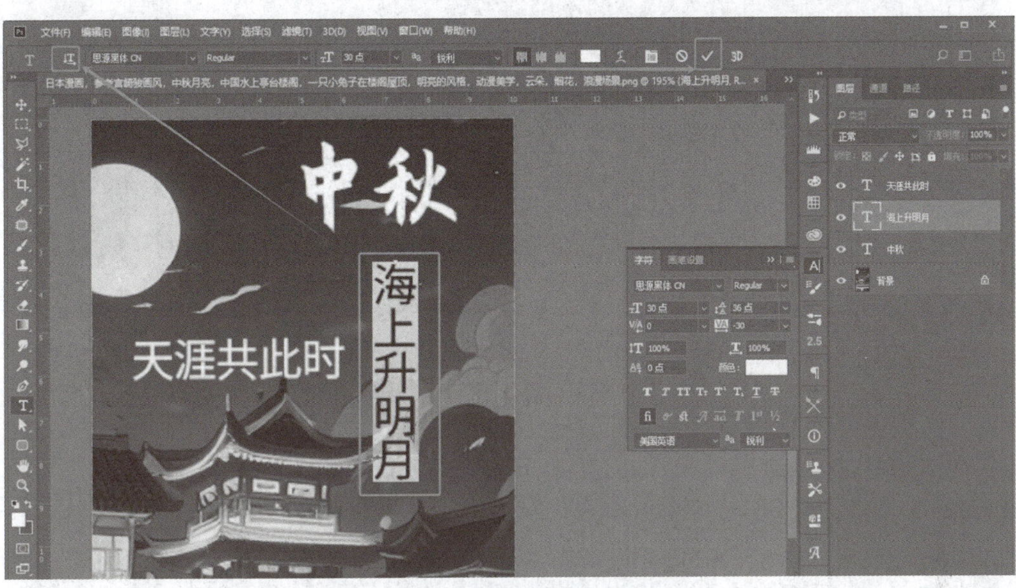

图 3–39 将横版文字切换为竖版

（6）可以适当植入装饰性的素材，增添中式古典韵味，如图 3–40 所示。

图 3–40 添加印章作为装饰

（7）如图 3–41 所示，将制作好的素材，选择“文件”→“导出”→“导出为”选择格式为 JPG，品质 100% 即可输出我们可用的商业海报。

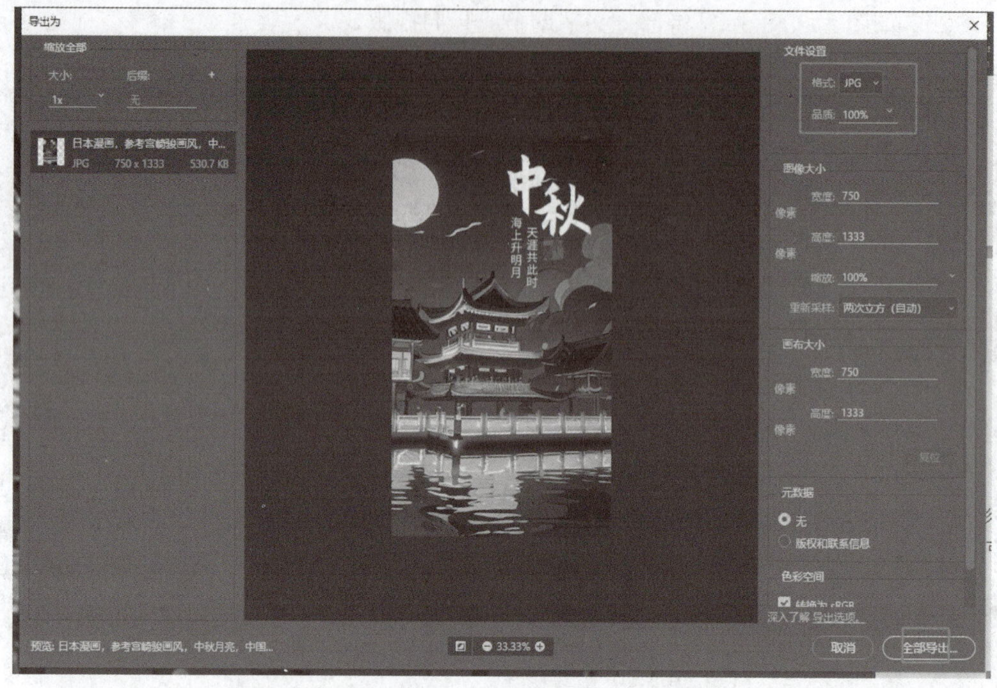

图 3-41　导出图像

（8）如图 3-42 所示，在实际应用中，有时候需要将图像应用到不同媒体，尺寸要求不同，我们可以选择“裁剪工具”调整后单击上方属性栏“√”打钩提交。以此类推，我们可以将一张图像应用于不同的平台需求。

图 3-42　裁切图像以适应不同场合需求

（9）使用 AI 工具生成插画，并结合 Photoshop 编辑文案的海报，最终我们得到商业海报。如果是确定需要发布的素材，建议在海报页脚添加商家信息，表明是商家原创的海报，也体现出该商家对消费的节日关怀。商家信息建议排版成工整的模块。如图 3–43（a）所示为 9:16 尺寸海报，图 3–43（b）所示为 3:4 尺寸海报，图 3–43（c）所示为 9:16 添加了商家信息的海报。

（a）

（b）

（c）

图 3–43　结合 Photoshop 功能生成的不同尺寸需求的节日商业海报
（a）9 : 16 尺寸海报；（b）3 : 4 尺寸海报；（c）9 : 16 添加了商家信息的海报

【任务实施】

利用 AI 工具结合 Photoshop 制作商业海报图片。

（1）选择模型，编辑提示词。

（2）调整尺寸并导出。

（3）Photoshop 后期处理。

【任务思考】

AI 工具生成图片与 Photoshop 制作图片的区别有哪些？
如何将二者有效结合？

扫描二维码，查看“AI 图像生成的技术起源、趋势、技巧、关键词”的更多拓展知识。

【项目完成评价表】

学生自评（40 分）				得分：
计分标准：A：9 分，B：7 分，C：5 分				
评价维度	评价指标	学生自评要求（A 掌握；B 基本掌握；C 未掌握）		
课堂参与度	线上互动活动完成度	A□	B□	C□
	线下课堂互动参与度	A□	B□	C□
	预习与资料查找	A□	B□	C□
	探究活动完成度	A□	B□	C□
作业质量	作业的完成度	A□	B□	C□
	作业的准确性	A□	B□	C□
	作业的创新性	A□	B□	C□
创作成果创新性	作品的专业水平	A□	B□	C□
	成果的实用性与商业价值	A□	B□	C□
	成果的创新性与市场潜力	A□	B□	C□

课堂笔记

续表

评价维度	评价指标	学生自评 要求 （A 掌握；B 基本掌握；C 未掌握）		
职业道德思想意识	爱岗敬业、认真严谨	A □	B □	C □
	遵纪守法、遵守职业道德	A □	B □	C □
	顾全大局、团结合作	A □	B □	C □
教师评价（60 分）			得分：	
教师评语				
总成绩		教师签字		
注：学生自评部分，学生需根据自身情况填写自测结果，并遵循评价要求。				

项目四

人工智能制作视频

【知识目标】

（1）理解本地生活电商的商务逻辑。

（2）了解常见的视频制作类型 AIGC 工具。

【技能目标】

（1）掌握 AIGC 制作本地生活热门短视频。

（2）掌握利用 AIGC 生成文化创意类视频。

（3）掌握利用 AIGC 生成特效视频。

【素质目标】

（1）培养学生对新技术、新工艺的好奇心，引导科学探索的理念。

（2）培养学生对家乡的热爱，倡导爱国、敬业的社会主义核心价值观。

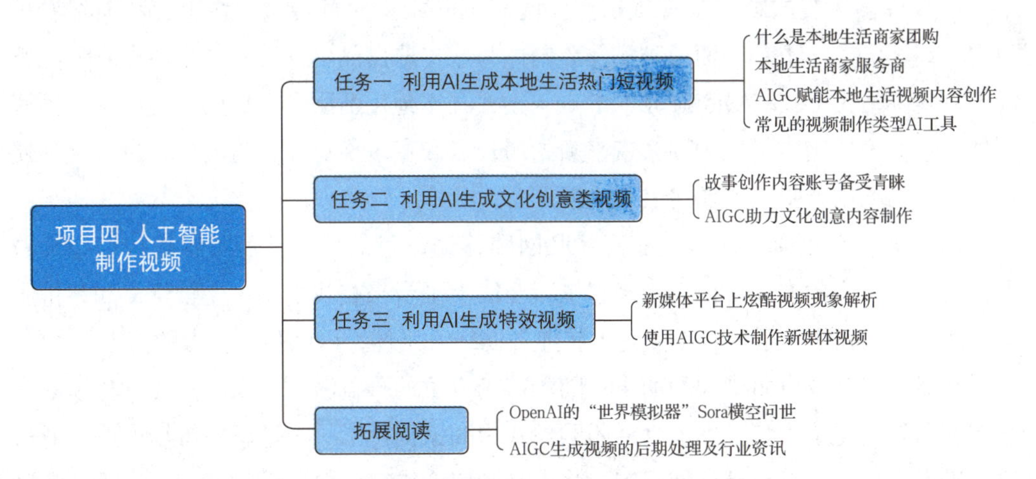

任务一　利用 AI 生成本地生活热门短视频

【案例引入】

新一代的城市吃喝玩乐体验官

陈阿豪是一位在校大学生，以城市吃喝玩乐体验官的身份在短视频平台上大放异彩。他通过短视频分享自己对城市中各种餐厅、休闲场所和文化活动的体验和评价。其中，一条视频特别受到关注和赞誉，视频中展示了他独到的城市探索技巧和丰富的生活体验。在这个视频里，他巧妙地结合了内容制作技巧以及自己对城市文化的理解和对新潮餐饮娱乐的精准评价，展现了他作为新一代城市吃喝玩乐体验官的智慧和能力。一条视频获得了超过 3.3 万的点赞，播放量超 300 万，引发用户大量的评论、分享和转发，同时吸引了众多新粉丝的关注。

【知识学习】

一、什么是本地生活商家团购

如今许多传统的线下吃喝玩乐行业的商家开始将生意转移到线上，即消费者可以在网络上浏览、下单，而后到实体店铺体验或提取商品。这种本地生活商家的经营现象，实际上是 O2O（Online to Offline）模式在本地生活服务领域的广泛应用。做好本地生活商家团购，可以为商家带来新的增长点和竞争优势，也为消费者带来更加便捷、丰富的购物体验，体现在以下几个方面。

适应消费者习惯的改变：随着互联网和移动设备的普及，消费者的购物和消费习惯发生了巨大的变化。他们越来越依赖于线上平台来查找信息、比较价格和评价服务。因此，商家需要适应这一变化，将业务向线上延伸，以满足消费者的需求。

在激烈的市场竞争中脱颖而出：随着市场竞争的日益激烈，商家需要寻找新的增长点和差异化竞争优势。本地生活团购模式为商家提供了一个全新的市场渠道，通过线上平台，商家可以突破地域限制，将产品和服务推广到更广泛的区域。这不仅有助于吸引更多潜在客户，还可以提高商家的知名度和影响力。

降低成本与提高效率：通过线上平台，商家可以更有效地管理库存、减少中间环节、降低运营成本，并提高服务效率。此外，线上平台还可以为商家提供更多的数据分析和市场洞察，帮助他们作出更明智的决策。

增强与消费者的互动与沟通：线上平台为商家提供了一个与消费者进行实时互动和沟通的渠道。商家可以通过社交媒体、在线客服等方式与消费者建立更加紧密的联系，了解他们的需求和反馈，从而提供更好的服务和产品。

提高客户体验和忠诚度：本地生活团购模式为消费者提供了更加便捷、个性化的购物体验。消费者可以在线上浏览、比较和选择商品或服务，然后到线下店铺享受实际的服务或提取商品。这种线上线下相结合的模式有助于提高客户的满意度和忠诚度。

快速打造品牌影响力：商家可以通过线上平台吸引消费者到店体验或购买商品，同时也可以通过线下店铺为消费者提供更加完善的服务和体验。这种线上线下相互补充的模式有助于商家提高整体运营效率和市场竞争力。帮助他们快速打造品牌影响力、扩大市场份额、提高品牌知名度、积累消费者数据、吸引更多消费者。

二、本地生活商家服务商

当线下商家尝试进军在线团购领域时，他们通常会选择寻求第三方运营团队的协助来运营其在线店铺，这种第三方运营团队即本地生活服务商。这种做法的背后有多重考量：首先，术业有专攻，第三方通常拥有丰富的电商新媒体平台经验和专业知识，能够帮助商家更有效地构建和管理在线业务。其次，通过与第三方合作，商家可以节省大量的时间和资源，仍然专注做好本身的业务、做好消费者体验，避免从零开始建立整个在线业务体系的烦琐过程。最后，第三方通常还能为商家提供市场分析、营销策略等方面的支持，助力商家在竞争激烈的在线市场中脱颖而出。

1. 本地生活服务商在服务本地商家时，主要承担以下职责：

商家入驻及认证：负责与商家进行联系和沟通，介绍本地生活服务的优势和机会，协助商家完成入驻申请和认证流程。在此过程中，确保商家信息的真实性和合法性是至关重要的。

商家资料维护：负责商家资料的完善和维护工作，这包括但不限于商家的店铺名称、地址、联系方式、营业时间等。及时更新商家的最新信息，确保用户能够获取到准确的商家信息。

提供全方位服务内容：为商家提供包括商家招募、商品管理、内容制作、店铺运营、商家培训、广告投放、产品能力等全方位的服务内容。这些服务旨在帮助商家更好地运营业务，提高品牌知名度和销售量。

团购代运营：协助商家进行团购活动的代运营，包括拍摄商品视频、撮合达人探店、进行直播等。通过这些方式，帮助商家将团购套餐卖出去，提升商家的销售额。

运营支持：为商家提供全面的代运营服务支持，包括品牌推广、渠道拓展、客户服务、数据分析等方面。根据商家的不同需求和特点，提供定制化的服务方案，以满足商家的个性化需求。

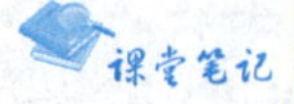

协助商家进行数据分析：通过对线上线下数据的收集和分析，帮助商家了解消费者的行为和需求，从而制定更加精准的市场策略和产品策略。

风险管理：随着市场环境的不断变化，本地生活服务商还需要协助商家进行风险管理和应对，以确保商家的业务能够稳定、持续地发展。

综上所述，本地生活服务商在服务本地商家时，需要承担多方面的职责，以帮助商家提升业务运营效率、提高品牌知名度、增加销售额，并应对各种市场挑战。

2. 本地生活服务商在制作餐饮推荐视频时，需要注意以下事项：

内容真实可靠：推荐的餐饮商家和菜品必须真实存在，且信息准确无误。不能夸大其词或进行虚假宣传，以免误导消费者。

突出特色：视频内容应突出餐饮商家的特色和亮点，如独特的菜品、优质的服务、舒适的环境等。同时，也要注重呈现菜品的色香味俱佳，以吸引观众的注意力。

画面精美：视频的画面质量要高，拍摄角度和光线要合适，以展现出美食的诱人之处。同时，剪辑和配乐也要恰到好处，使整个视频更加生动有趣。

注重用户体验：在推荐餐饮商家时，要充分考虑用户的需求和口味偏好。可以根据不同用户群体的特点，制作不同风格的推荐视频，以满足不同用户的需求。

遵守法律法规：在制作餐饮推荐视频时，要遵守相关法律法规和行业规范，如不得涉及低俗、暴力等不良内容。同时，也要尊重商家的知识产权和隐私权，避免侵犯他人的合法权益。

与商家保持良好合作：作为本地生活服务商，与餐饮商家保持良好的合作关系至关重要。在推荐视频制作过程中，要与商家充分沟通，了解其需求和期望，以达到双方满意的效果。

持续优化改进：在制作餐饮推荐视频的过程中，要不断总结经验教训，持续优化改进。可以通过用户反馈、数据分析等方式，了解视频的效果和影响力，以便不断优化视频内容和制作方式。

总之，本地生活服务商在制作餐饮推荐视频时，需要注重内容真实可靠，突出特色、精美画面、用户体验，遵守法律法规，与商家保持良好合作以及持续优化改进。只有这样，才能制作出高质量的推荐视频，为消费者提供有价值的餐饮推荐信息。

三、AIGC 赋能本地生活视频内容创作

使用 AIGC 工具处理与制作本地生活相关的视频，可以实现智能检索、自动剪辑、创意表现等，能够大大提高视频制作效率。

（1）降低技术门槛：AIGC 工具通过智能算法和自动化流程，使即使没有专业视频制作经验的人也能够轻松制作高质量的视频内容，降低了视频制作的技术门槛。

（2）自动化工作流程提高效率：AIGC 工具能够自动化处理视频制作中的一系列

任务，如自动拍摄、自动调色、自动剪辑等，简化了制作流程。

（3）高效内容生产：AIGC 工具能够快速生成多样化的视频内容，包括短视频、广告、宣传片等，大大提高了制作效率，降低了人力成本。

（4）个性化定制：根据用户需求和市场趋势，AIGC 工具能够智能生成符合特定风格和主题的视频，满足个性化定制的需求。

（5）跨平台兼容性：AIGC 工具通常具有良好的跨平台兼容性，可以在不同的操作系统和设备上顺畅运行，方便创作者在不同平台上进行视频制作和分享。

（6）创新应用拓展：随着技术的不断发展，AIGC 工具在视频制作中的应用场景也在不断拓展，如虚拟现实（VR）视频制作、智能合成音频、数字人像等，为新媒体视频制作带来了更多可能性。

这些作用使 AIGC 工具成为新媒体视频制作中不可或缺的重要辅助工具。不仅提高了制作效率和质量，还促进了内容的多样性和创新，为创作者和观众带来了更好的体验和价值。

四、常见的视频制作类型 AI 工具

常见的视频制作类型 AI 工具如表 4–1 所示。

表 4–1　常见的视频制作类型 AI 工具

名称	特点	公司
度加剪辑	文字到视频生成、素材丰富、热点追踪	百度
剪映	多功能视频处理工具	抖音
WinkStudio	视频、图片、直播	美图
RUNWAY	文字到视频生成、图片转视频、视频特效、绿幕抠像合成	RUNWAY
即创	视频、图片、直播、链接抖音运营数据	抖音
Pika	文字到视频生成、图片转视频、3D 卡通动画、电影特效	Pika Labs
Rephrase.ai	文字到视频生成、英文版素材	Rephrase
腾讯智影	人像视频、声音合成	腾讯
Wonder studo	自动为 CG 角色制作动画、打光并将其合成到真人场景中	Wonder Dynamics
快剪辑	多功能视频处理工具、适用于电商内容营销等	360
EbSynth	真人视频转化为油画风动画	EbSynth
万彩微影	高效快速智能、宣传微课，动画短片	万彩微影

扫描二维码，查看“OpenAI 的‘世界模拟器’Sora 横空问世”的更多拓展知识。

【任务实训】

利用 AI 制作本地生活热门短视频。

【任务描述】

制作本地生活短视频，可以将商家的产品内容、产品优势等进行展示，通过线上展示吸引更多潜在消费群体。本任务使用视频制作类型 AI 工具，生成本地生活视频内容。

【任务分析】

用 AI 工具制作视频的主要思路是：首先要有适合的文案内容，发送给 AI 工具，让它结合我们的文案内容自动寻找相应的素材，并且它会根据我们的文案内容生成对应的配音，以及根据我们给定的主题方向找到适合的背景音乐。所以在制作之前我们要先构思好它的内容。我们以本地生活美食体验官的角色，让 AI 工具帮我们生成关于闽菜佛跳墙的相关视频。

【任务指导】

1. 生成视频文案

（1）如图 4–1 所示，首先使用文本生成 AI 工具帮我们生成短视频的标题和文案。我们在文心一言对话框中向它提出需求：请帮我生成 10 条热门美食介绍的短视频标题范本。

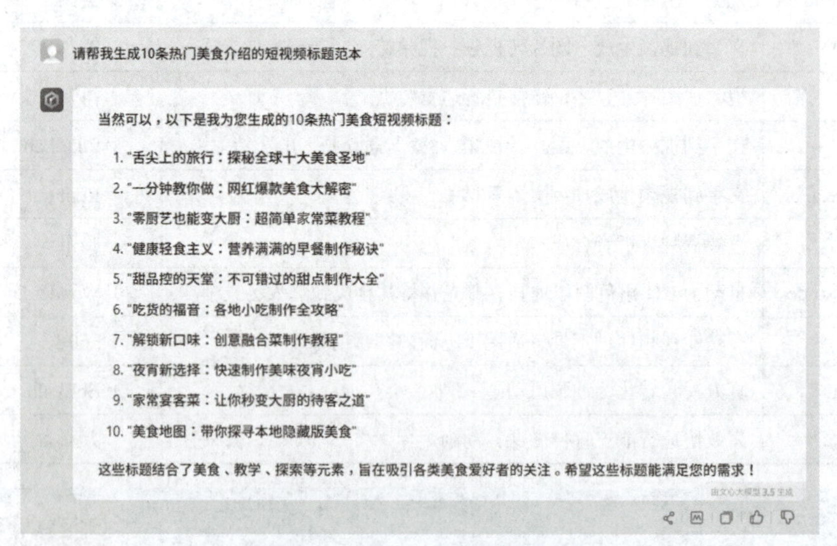

图 4–1 热门美食短视频标题范本

（2）从得到的这些标题范本当中选择一个更适合的模板，将我们要介绍的具体菜肴与之结合起来，生成对应确定的标题。将需求填写在对话框里，发送给文心一言：

请以“舌尖上的旅行：探秘全球十大美食圣地”为标题，改写成介绍福建美食“佛跳墙”的短视频标题，如图 4–2 所示。

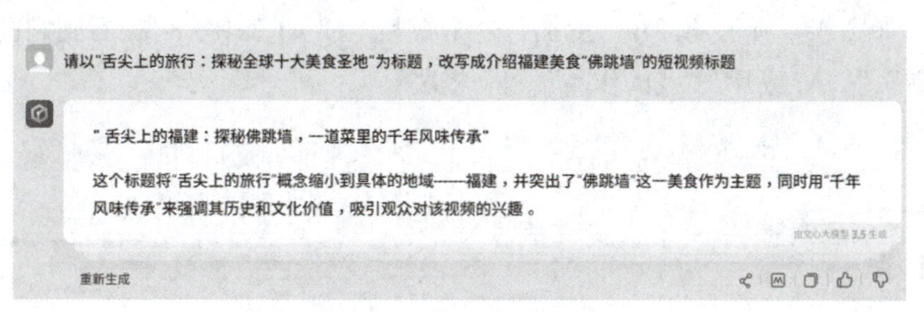

图 4–2　生成具体的标题

（3）如图 4–2 所示，文心一言生成的标题已经结合了福建美食佛跳墙这道菜的属性：“舌尖上的福建：探秘佛跳墙，一道菜里的千年风味传承”。并且它还给我们思路提示——这个标题将“舌尖上的旅行”的概念缩小到福建地区，并聚焦于佛跳墙这一具体的美食，旨在展现其独特的魅力和背后的故事。

（4）按照这个标题，让文心一言帮助我们扩写介绍短文，向它提出需求：你现在是一个地方美食推荐官，以这个标题为方向，写一篇福建美食“佛跳墙”的爆款推文，介绍这个菜肴的由来典故、食材、口感等，并结合个人感受作出点评，如图 4–3 所示。

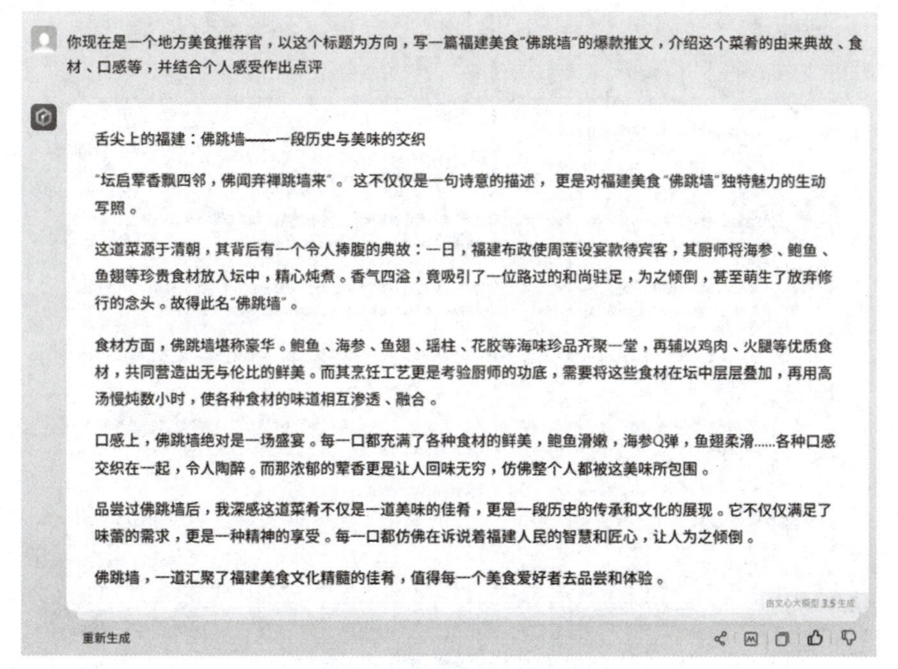

图 4–3　根据标题生成爆款推文

文心一言生成的这段介绍文案，结合了佛跳墙的由来典故，自动引用诗句、介绍食材口感等，并以美食推荐官的角色带入作出点评，文案质量良好。但是需要注意的是，在视频生成环节，对应的文案就会生成对应的文案相关的画面，所以为了让视频

更能紧扣主题，需要对文案进行调整，让每句话都能与“佛跳墙”关联，避免跑题。

2. 生成视频内容

（1）如图 4–4 所示，打开“度加”这个视频生成 AI 工具，可以看到它的界面主要有“首页”“AI 成片”“我的作品”三个板块。

图 4–4　度加创作工具界面

（2）如图 4–5 所示，选择“AI 成片”按钮，将提前准备好的文案内容粘贴在对话框中，如果想控制生成视频的时长，可以选择“AI 缩写”。

图 4–5　将文案填入对话框

（3）如果我们想让生成的视频能更加紧扣主题，可以选择“AI 润色”，如图 4–6 所示。

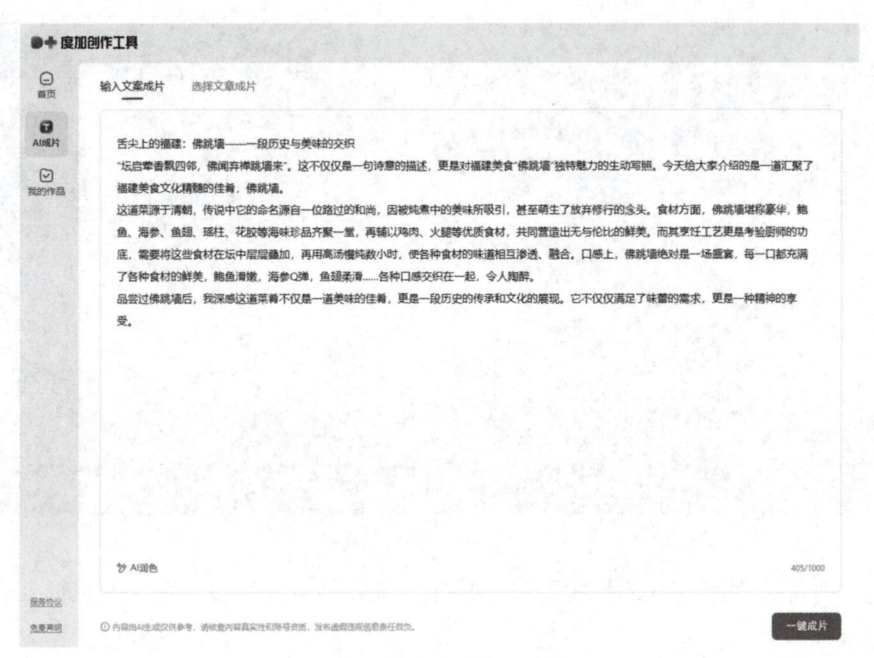

图 4-6　将文案进行 AI 润色

（4）如图 4-7 所示，适当调整后，单击"一键成片"按钮，可看到度加生成的视频。

图 4-7　度加生成的视频初稿

度加生成的视频，能根据文案内容智能地填充视频素材，根据文案生成台词配音，并配有背景音乐，组合在一起，形成连贯的一个视频短片。在这么短的时间能够生成该视频，效率非常高。

3. 调整视频内容

（1）在生成的视频片段中能看到，有一些片段的视频素材不符合佛跳墙这个主题，则选中这个片段，在左侧导航"素材库"里选择"相关素材"进行替换，如图 4-8 所示。

图 4-8　替换度加生成的视频片段

（2）有部分视频片段的长度需要调整的，鼠标单击该片段，在它的边框处进行拖动调整该片段时长。需要注意的是，缩短某一片段后，与它相邻的片段，需要向前拉动，或者填充新的片段，片段之间不能空缺。增加的视频片段，也可以将本地素材导入应用，如图 4-9 所示。

图 4-9　调整度加生成的视频片段的长度

（3）如图 4-10 所示，检查左侧的字幕，将断句不对的地方进行调整。为了保证字幕阅读的易读性，一行字幕建议不超过 19 个字符。

（4）如图 4-11 所示，若对背景音效需要替换，单击左侧导航中“背景乐”进行选择替换。

（5）如图 4-12 所示，确认好视频内容后，选择“发布视频”。

课堂笔记

图 4-10 调整度加生成的视频字幕

图 4-11 调整度加生成的视频背景音乐

图 4-12 发布视频

课堂笔记

巧妙应用视频生成型 AI 工具，可以大大提高我们制作视频的效率，具体应用中还需要我们多实践，然后找到更优质的提问方式、文案内容，加以个性化的本地素材添加，让视频的原创度更高。

【任务实施】

制作本地生活热门短视频。

（1）生成视频文案。

（2）生成视频内容。

（3）调整视频内容。

【任务思考】

如何改进提示词以得到更精确的内容？

如何让 AI 工具生成视频，更接近真实，更有原创性？

任务二 利用 AI 生成文化创意类视频

【案例引入】

晓晓睡前故事

“晓晓睡前故事”是小红书上的一个账号，这个账号的主人，一位富有创意的小红书博主，利用 AIGC 技术生成内容，专门为孩子们打造温馨、有趣的睡前故事。自博主开始使用 AIGC 工具，辅助做好睡前故事项目以来，粉丝数量持续增长，从最初的几百人迅速攀升至现在的十几万人。这一显著的增长显示了家长们对高质量儿童睡前故事的需求，同时也说明了 AI 生成视频的合理性，将纯粹的文字转化成生动的图像，连续的图像形成视频，搭配朗读与配乐，用户的体验感提升。博主不仅吸引了孩子们的喜爱，更赢得了家长们的信任和赞誉。这些故事不仅具有教育意义，还能激发孩子们的想象力，让他们在睡前享受一段美好的时光。小红书上这一类型的账号得到很多关注与赞赏。

【知识学习】

一、故事创作内容账号备受青睐

在新媒体平台上，分享儿童故事、民间故事等富有寓意的内容正受到越来越多人的喜欢。这一现象背后有着深刻的社会和文化原因，同时这些故事也展现出了重要的意义和价值。

首先，这一现象的出现与现代社会的生活节奏有关。儿童故事类的内容方面，家长们往往忙于工作，很难有足够的时间和精力陪伴孩子，而新媒体平台上的儿童故事则成为一种便捷的陪伴方式。家长们可以通过手机、平板等设备，轻松地为孩子播放这些故事，让孩子在听故事的过程中感受到家长的关爱和陪伴。民间故事类的内容方面，成人用户的业余时间，往往需要有便于休闲、优质的内容来放松与再提升，而新媒体平台上的这些短故事满足了该需求。

其次，这些故事受到欢迎的原因还在于它们所蕴含的文化内涵和教育意义。它们传承了人类的智慧和文明，蕴含着丰富的人生哲理和道德观念。通过听这些故事，不仅可以了解传统文化，还可以学习到诸如勇气、善良、诚实等重要的品质和价值观。这些故事往往能引起用户的共鸣。

最后，这些故事内容还具有很高的娱乐性和趣味性。这些故事往往情节曲折、人物形象鲜明，很容易吸引用户的注意力。在听故事的过程中，用户可以感受到故事情

课堂笔记

节的起伏变化，体验到人物的情感和心路历程，从而得到愉悦和满足。这种娱乐性和趣味性让用户享受听故事的乐趣，还可以激发他们的想象力和创造力。

新媒体平台上分享儿童故事、民间故事等富有寓意的内容，不仅具有文化内涵和教育意义，还具有娱乐性和趣味性，同时还具有文化传承和创新的价值，因此积极推广和分享优质内容十分有意义。

二、AIGC 助力文化创意内容制作

使用 AI 工具制作儿童故事、民间故事等富有寓意的内容，具有诸多显著优势。以下是具体的几个主要优势点：

创作效率的提升：AI 工具可以迅速生成大量的故事内容，极大地提高创作效率。相较于传统的手工创作方式，AI 工具能够在短时间内产生更多的故事构思和情节，满足用户对于新奇、多变故事的需求。

个性化定制与教育意义：AI 工具可以根据用户群体，生成具有针对性的故事。个性化定制使内容更多样化，用户可以选择符合自己兴趣和喜好的内容。例如儿童故事可以巧妙地融入各种教育元素，如道德教育、科学知识、社交技能等，使儿童在娱乐中接受教育，达到寓教于乐的效果。

文化融合与创新：AI 工具可以学习和吸收世界各地的文化元素，将它们融合到故事创作中。这不仅丰富了故事的文化内涵，也为用户提供了一个了解多元文化的窗口。同时，AI 工具的高效创新也使故事能够突破传统框架，展现出新颖的情节和角色设定。

互动性和参与感：一些先进的独立研发的 AI 故事应用程序，还允许用户参与到故事创作过程中，例如通过语音或文字输入来影响故事的发展。这种互动性和参与感不仅激发了用户的兴趣和想象力，也让他们在视听内容的同时，激发想象力与创造力。

适应性和可访问性：AI 工具生成的故事可以轻松地适应不同的媒介和平台，如电子书、音频、动画等。这使故事能够以多种形式呈现给用户，满足他们不同场景下、不同的阅读和听觉需求。

【素养园地】

我国自主 AIGC 技术支撑制作的系列动画片《千秋诗颂》①

中央广播电视总台综合频道牵头策划的系列动画片《千秋诗颂》，聚焦国家统编语文教材 200 多首诗词，依托中央广播电视总台“央视听媒体大模型”，运用 AI 人工智能技术将国家统编语文教材中的诗词转化制作为唯美的国风动画。节目首批推出

---

① 内容源自：中国首部！文生视频 AI 系列动画片《千秋诗颂》启播，中央广播电视总台人工智能工作室揭牌 https://baijiahao.baidu.com/s?id=1791742551695992868&wfr=spider&for=pc

《咏鹅》等六集诗词动画，沉浸式再现诗词中的家国情怀和人间真情，让更多的人尤其是青少年，感受中华文脉的勃勃生机和独有魅力，在内心根植深厚的文化自信。

中央广播电视总台编务会议成员姜文波在致辞中表示，总台成立六年来，坚持向科技创新要生产力，持续深化“思想 + 艺术 + 技术”融合传播，4K/8K 频道、“百城千屏”和央视频、央视新闻等新媒体平台快速发展。总台媒体科技水平在全球媒体竞争中的优势地位不断巩固，成功走出一条高质量发展之路。创新关乎命运，科技引领未来。生成式人工智能给媒体发展带来严峻挑战的同时，更是千载难逢的重大发展机遇。

《千秋诗颂》是首部以我国自主 AIGC 技术支撑制作的系列动画片，基于总台提供的丰富视听数据进行模型训练，综合运用可控图像生成、人物动态生成、文生视频等最新技术成果，支持了从美术设计到动效生成，再到后期成片的各个环节。在生成式人工智能技术的加持下，《千秋诗颂》高度再现了中国古诗词中的人物造型、场景和道具，呈现了一部将中华古典诗词的博大精深与现代视听艺术相结合的动画作品。

【任务实训】

利用 AI 生成文化创意类视频。

【任务描述】

在互联网上少儿教育的内容备受欢迎，这类文化创意类视频内容通常需要经过精心编写与制作，使用文本型 AI 工具可以帮助我们提高效率。本任务让 AI 工具生成一个小兔子在丛林探索的故事，故事内容增加一些反转曲折的情节，并富有教育意义。

【任务分析】

做好一个故事短视频，首先是需要先有文案内容，再到画面角色，再到剪辑配音调字幕等一系列过程，善于利用 AI 相关工具，可以大大提高我们的工作效率。在制作过程中应注意前后的关联性。

【任务指导】

1. 生成故事文案

（1）视频内容选题是第一步。将以下设计好的问题发送给文心一言：你现在是一位拥有 10 年以上经验的童书专家，现在要写一个儿童故事绘本，请你先列出 6 个好的选题，如图 4–13 所示。

（2）延展故事内容。

如图 4–14 所示，从得到的选题中，找一个方向进行延展，可将以下问题发送给文心一言：请你以“奇幻森林里的秘密”为选题，编写一本儿童故事，讲述小兔子带

着好奇心去丛林探险的故事内容，增加一些反转曲折的情节，赋予友谊的价值。字数 600 左右。

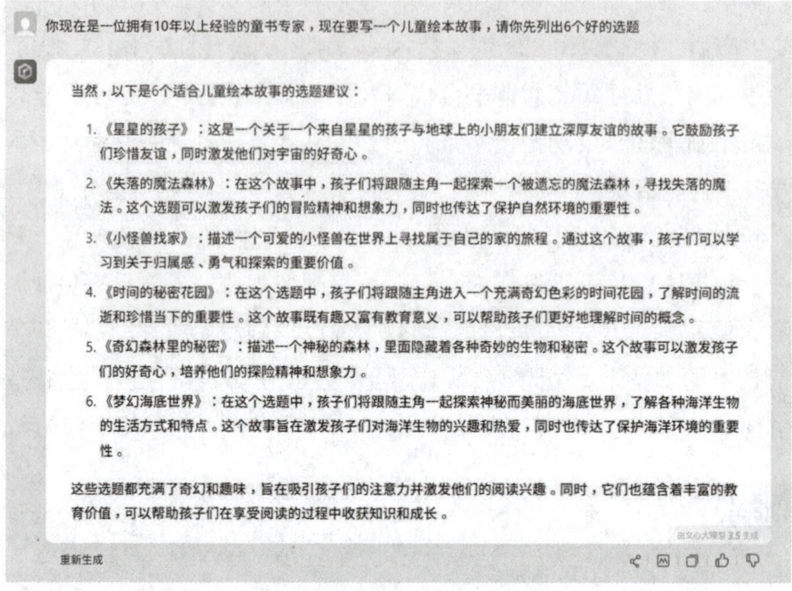

图 4-13　生成儿童故事选题

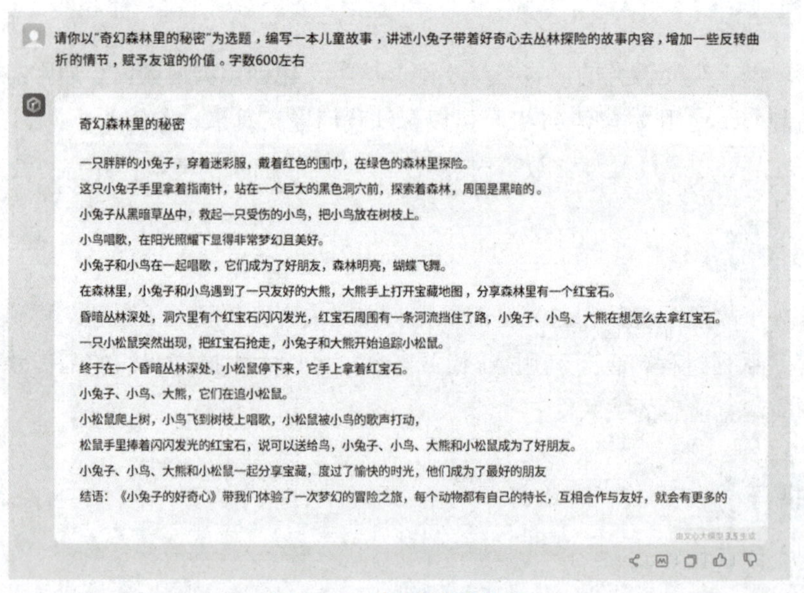

图 4-14　生成儿童短故事

下一步需要将文字转为图像，所以在文案上尽量保持一句话，或者是在制作画面时，再调整提示词。

2. 制作故事画面

（1）打开图像生成的 AI 工具“Dreamina”，界面如图 4-15 所示。

课堂笔记

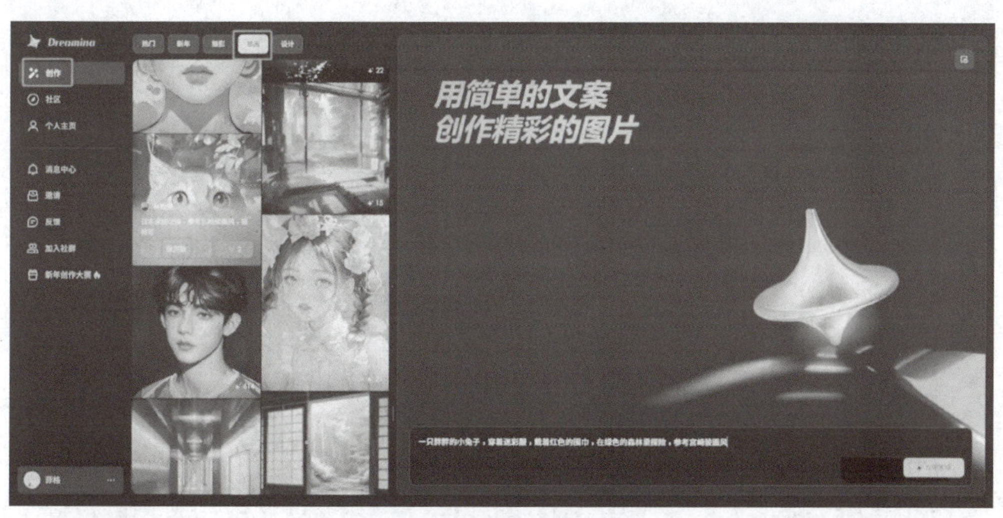

图 4–15　Dreamina 的界面

（2）选择左侧导航的“创作”风格，选择“插画”，在案例参考中找到想要的风格画面，选择“做同款”可以获得该作者使用的提示词，结合我们对画面的需求，给 Dreamina 发送指令：一只胖胖的小兔子，穿着迷彩服，戴着红色的围巾，在绿色的森林里探险，参考宫崎骏画风。

（3）如图 4–16 所示，第一次发送之后，发现获得的风格是偏写实的，调整成“动漫”，画面比例改为 3∶4，如图 4–17 所示。

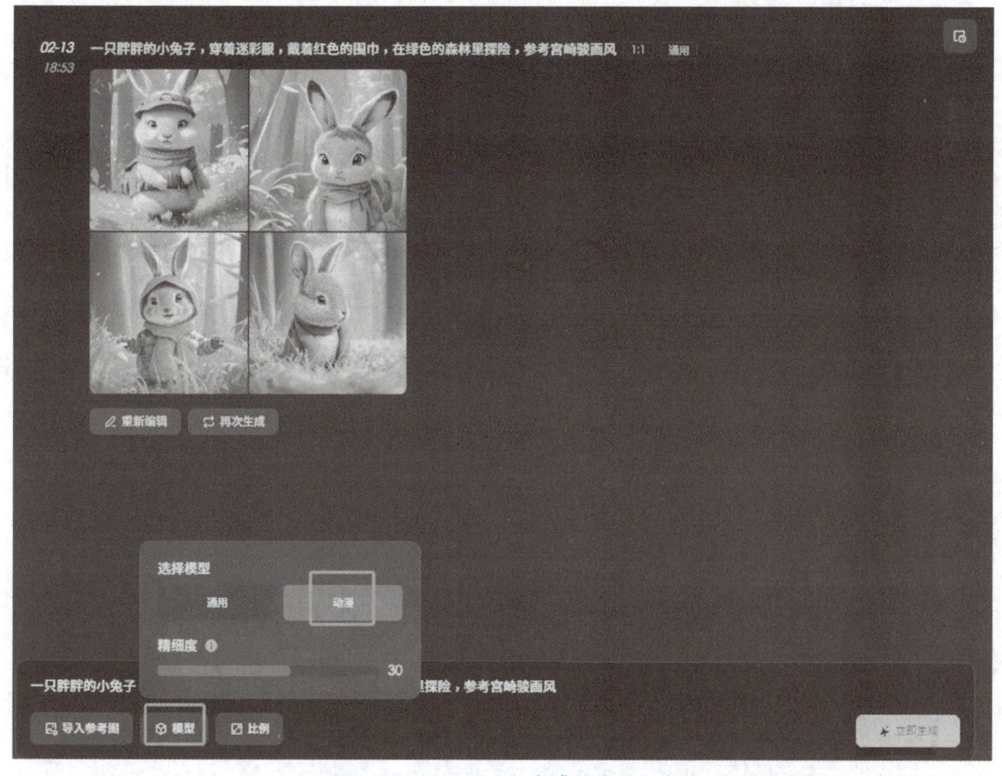

图 4–16　Dreamina 生成故事的主角

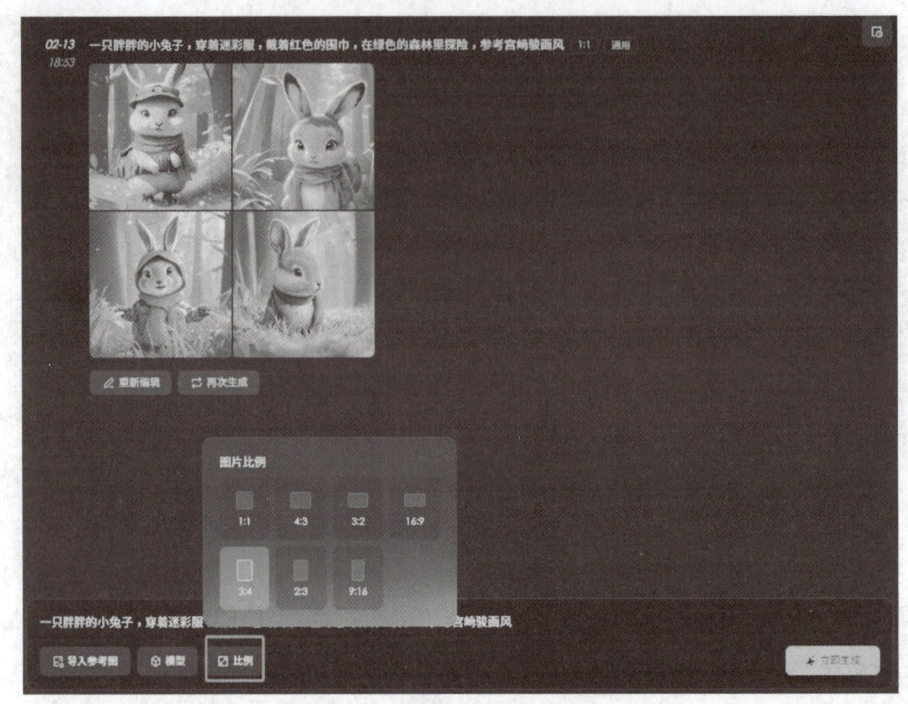

图 4-17　调整故事主角形象及图片尺寸

（4）如图 4-18 所示，得到的 4 张图像中，选择满意的那张，单击“HD”获得单张高清大图。如果不满意则再次发送提示词指令、调整提示词，或者进行局部重绘，以获得更理想的画面。

图 4-18　下载确定的故事主角图片

课堂笔记

（5）局部重绘中的提示词只需要针对需要重绘的部分进行描述。经过调整最终获得更理想的画面。单击“下载”获得高清 PNG 图像。以此类推，获得全部的画面图像，如图 4-19 所示。

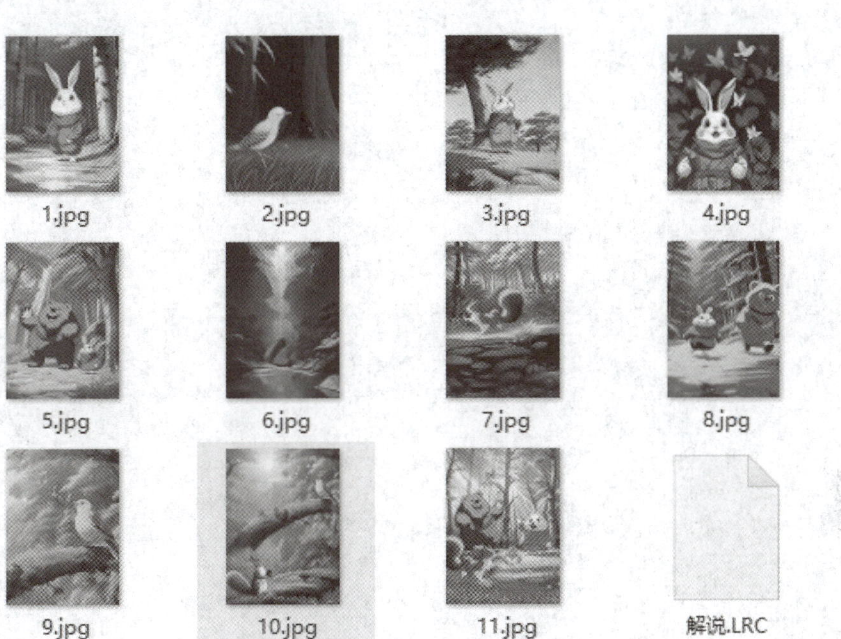

图 4-19　根据故事生成关键场景的图片

3. 使用剪映生成视频

（1）打开视频剪辑工具“剪映”，选择“图文成片”按钮，如图 4-20 所示。

图 4-20　剪映的 PC 端界面

课堂笔记

（2）如图 4–21 所示，将故事标题与文案分别粘贴至对话框中，选择“生成视频”。这种模式下剪映会自动识别字幕配音，并且搭配背景音乐。

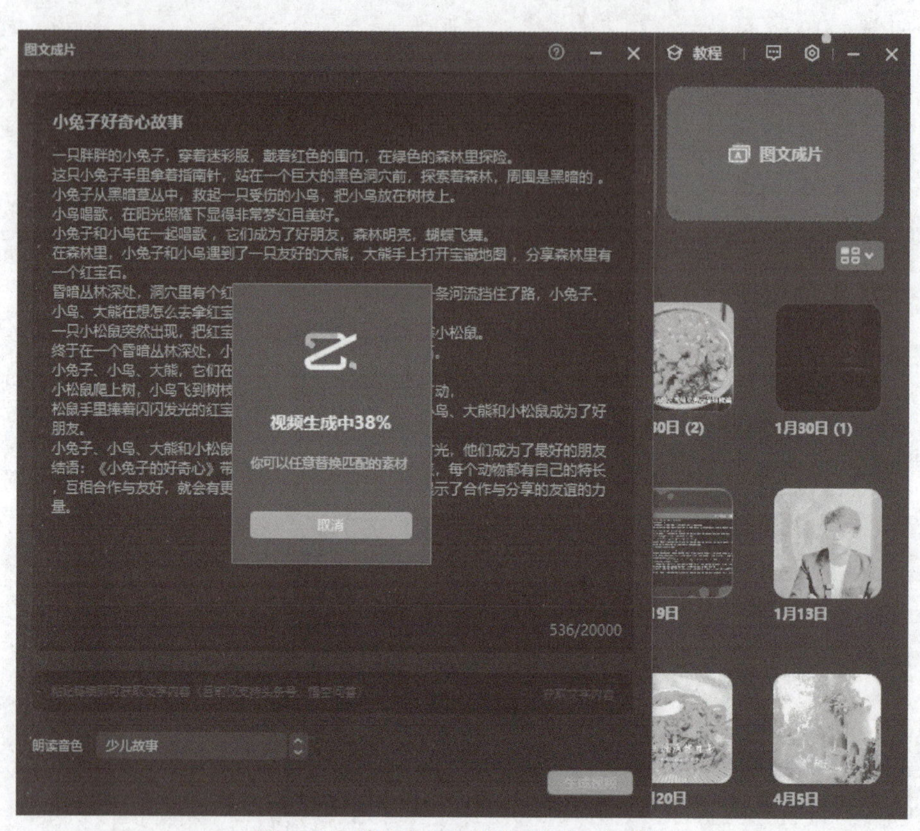

图 4–21　将故事文案发送到剪映图文成片

（3）如图 4–22 所示，预览后发现剪映自动搭配的视频画面，是随机的画面元素，前后不能形成关联性。因此把画面这个轨道全部框选然后删除，按键盘 Delete。它的字幕、配音与背景音乐可以使用，则保留。

图 4–22　删除剪映自动成片的画面内容

（4）将之前保存的图片导入到媒体库，然后选择“+”号，逐一添加到画面轨道，注意先后顺序，如图 4–23～图 4–24 所示。

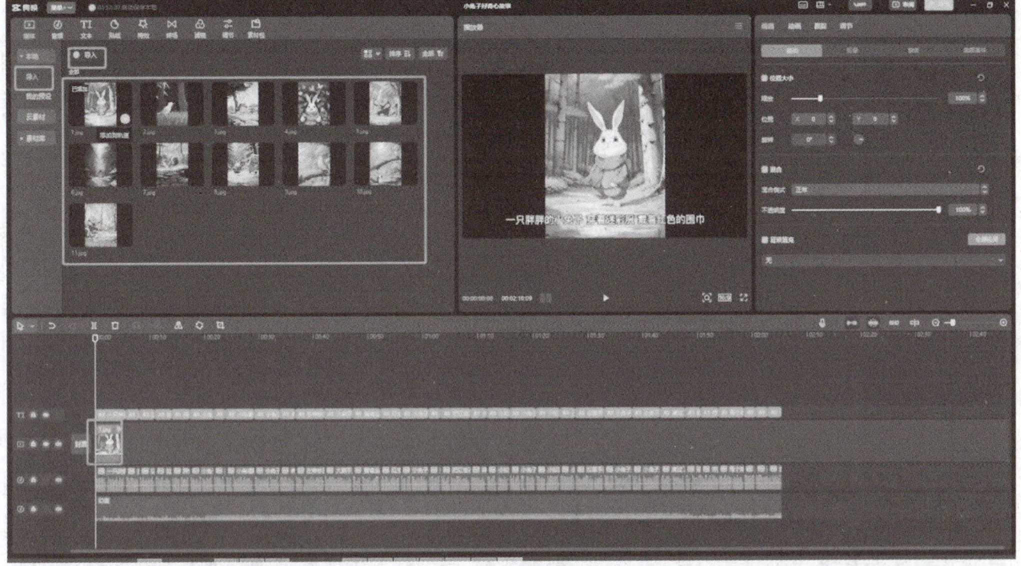

图 4–23　导入素材到媒体库

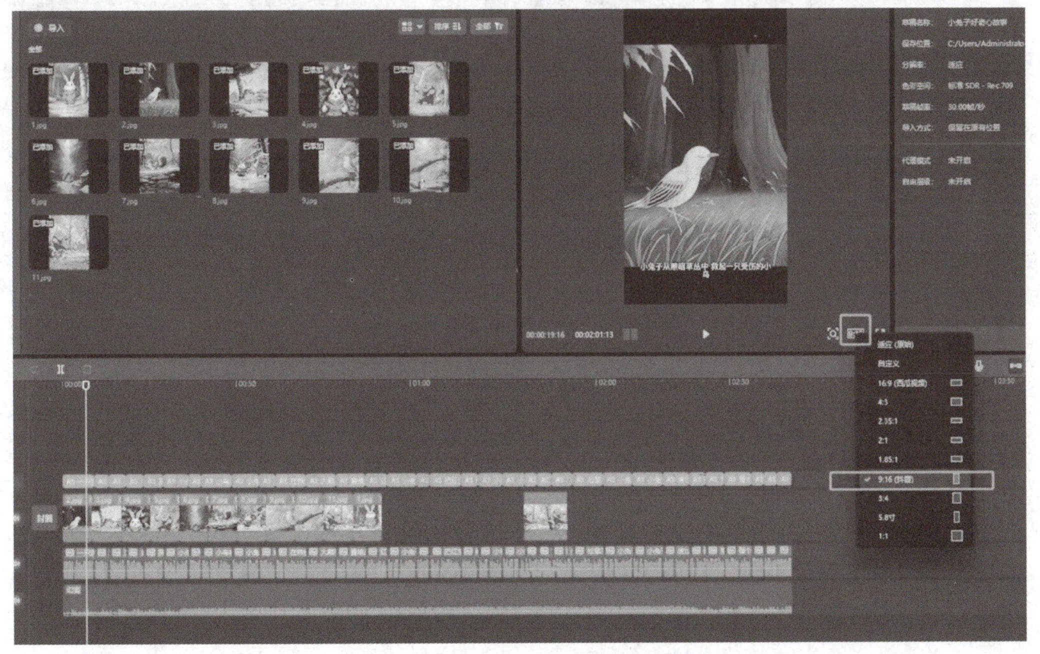

图 4–24　将媒体库素材加入画面轨道

（5）如图 4–25 所示，调整画面尺寸比例为“9∶16”。

（6）在轨道时间线，缩小轨道，查看整体的画面与配音、字幕是否对应，如果没有对应地选中该画面，则进行左右拉伸调整，直至匹配对应，如图 4–26 所示。

图 4-25　调整画面轨道中的片段长度

图 4-26　调整所有轨道末尾统一结束

（7）在“音乐素材”里选择与“童趣”相关的音乐，单击“+”按钮添加其作为背景音乐，代替之前的。对于音乐时长太长的，选中音轨后，单击“分割”按钮后，按键盘 Delete 把后面的视频删除。对于音乐时长不够的，选中音轨后，右键复制，粘贴在后方，再把多余的部分分割后删除。音量大小需要根据实际调整，避免背景音乐过于大声干扰到配音朗读的声音。

（8）如图 4-27 所示，框选中全部字幕，然后在预览框中，直接向下拖拽，调整字幕大小为 12，也可调整文字样式。

（9）选择“文本”然后在对话框中输入全片标题，选择文字样式，调整好标题位置，如图 4-28 所示。另外需要注意标题在画面中需要在哪个片段出现，调整好时间轨道的位置。

课堂笔记

图 4–27　添加字幕

图 4–28　添加标题

（10）如图 4–29 所示，全部细节调整完后，可单击“播放”预览一下，如果没有问题，那就选择“导出”按钮。最终输出一个儿童故事短视频，如图 4–30 所示。

综合使用文案生成、图片生成、视频生成的 AI 工具制作儿童故事、民间故事等内容具有显著的优势。它不仅能够提高创作效率、满足个性化需求，还能够融合多元文化、强化教育意义、提高故事的适应性和可访问性。这些优势使 AI 工具成为现代文化创意类内容创作的重要辅助手段之一。

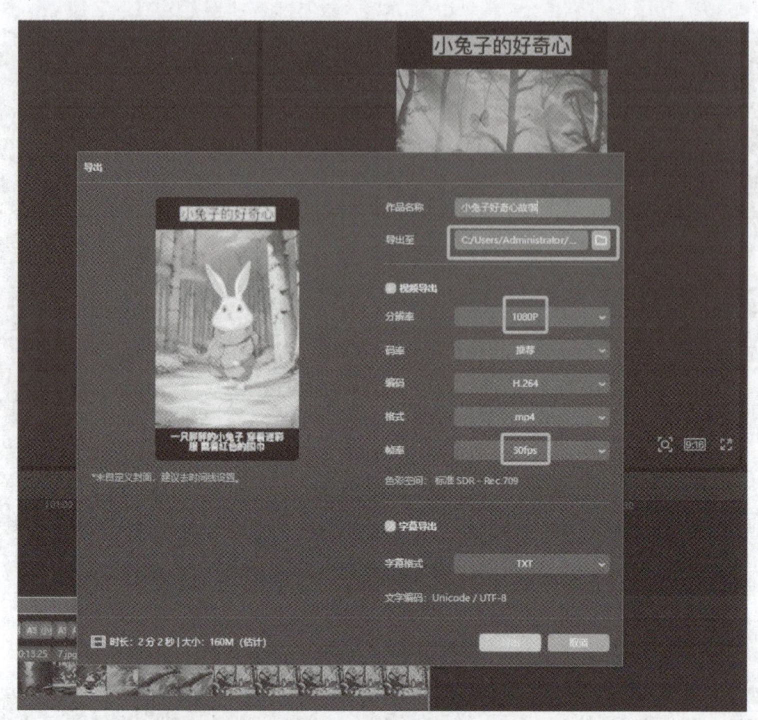

图 4-29　导出视频

图 4-30　生成儿童故事短视频

【任务实施】

使用 AI 工具制作故事短视频。

（1）生成故事文案。

课堂笔记

（2）制作故事画面。

（3）使用剪映生成视频。

【任务思考】

如何让 AIGC 工具写的故事文案更有情节转折与教育意义？

任务三　利用 AI 生成特效视频

【案例引入】

AI 动物时装秀

最近一组 AI 生成的动物时装秀视频，引起网友们的强势关注，在该视频中，狐狸穿着呢大衣提着名牌包包、小猫穿着欧式宫廷服饰、小狗戴着墨镜穿着皮衣……拟人化、超现实、时尚超模等属性让它短时间内成为热门视频，点赞量超过 10 万 +。在以往这种视频即使是短片，也需要设计师从构建 3D 模型开始，添加材质细节，环境灯光布置等一系列复杂的操作，耗时费力。如今该短片只需要让 AI 工具生成图像，并自动延伸做成动作动态效果，速度之快、效果之精美，不得不令人佩服 AI 的强大功能。

【知识学习】

一、新媒体平台上炫酷视频现象解析

在新媒体时代的浪潮下，视频已成为信息传播的重要载体。随着技术的不断进

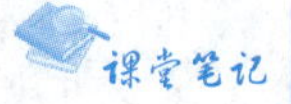

步和观众审美的日益提升，传统的视频内容已难以满足人们日益增长的视觉需求。于是，一种新型的视频风格——炫酷视频，逐渐在新媒体平台上崭露头角，以其非现实、超常规的视觉冲击力，赢得了大量观众的青睐。

炫酷视频的特点在于其打破了现实的束缚，将科幻、梦幻、惊悚、超现实等元素融入其中，为观众带来了前所未有的视觉体验。这些视频画面往往色彩鲜明、节奏快速、特效华丽，给观众带来强烈的视觉冲击和感官享受。它们不仅让人眼前一亮，更能深入人心，激发观众的创意和想象力。

炫酷视频之所以受到如此追捧，其背后有多重原因。首先，随着科技的进步，视频制作软件和技术日益成熟，使制作炫酷视频成为可能。其次，观众对于新颖、独特的内容有着天然的好奇心和追求，炫酷视频正好满足了这一需求。再次，新媒体平台的崛起为炫酷视频提供了广阔的展示空间，使这些视频能够迅速传播，被更多人知晓和喜欢。

炫酷视频的意义和价值不仅在于其娱乐性，更在于其对于创意和艺术的推动。它鼓励视频制作者打破常规，尝试新的创作手法和表达方式，从而推动视频艺术的发展。同时，炫酷视频也为观众提供了一个全新的视觉审美体验，丰富了人们的文化生活。

然而，炫酷视频也面临着一些挑战和问题。如何保持创意的新鲜感，避免观众产生审美疲劳；如何平衡视觉效果和内容深度，避免过度追求形式而忽视了内容的传达；这些都是炫酷视频制作者需要思考和解决的问题。

二、使用 AIGC 技术制作新媒体视频

使用 AI 工具，处理与制作视频，能够大大提高效率。AI 工具可自动化视频剪辑、特效添加和字幕生成等烦琐任务，减少人工操作时间和成本。强大的数据储备，为创作者提供了更多的创意灵感。AI 工具还能通过智能分析用户反馈和市场趋势，提供创意建议和推荐内容，提升视频制作的质量和吸引力。此外，AI 工具在视频素材的搜索与整理上也能发挥重要作用，快速找到所需素材，节省查找时间。AI 工具的使用将提高工作效率和创作质量，为用户带来更好的观看体验。

AI 工具在视频制作中的应用主要表现在以下几个方面：

视频素材搜索与整理：AI 工具在视频素材的搜索与整理上也发挥着重要作用。它可以快速地从海量的素材库中搜索到所需的素材，并进行自动分类和整理，大大节省了创作者查找素材的时间和精力。

自动化处理：AI 工具可以自动化处理视频剪辑、特效添加、字幕生成等烦琐任务。过去，这些工作往往需要人工花费大量时间和精力来完成，而现在，AI 工具在短时间内高效地完成这些任务，极大地提高了视频制作效率。

智能分析与推荐：AI 工具智能分析用户反馈和市场趋势，为创作者提供创意建议和推荐内容。这使创作者在创作过程中，能够更加精准地把握观众的需求和喜好，创

课堂笔记

作出更符合观众口味的视频内容。

视频特效生成：打破了现实的束缚，将科幻、梦幻、惊悚、超现实等元素融入其中，为观众带来了前所未有的视觉体验。这些视频画面往往色彩鲜明、节奏快速、特效华丽，给观众带来强烈的视觉冲击和感官享受。AI 工具生成的内容大胆前卫，也为观众带来了更丰富的观看体验，让他们能够欣赏到更多高质量、有创意的视频作品。

【任务实训】

利用 AI 生成特效视频。

【任务描述】

新、奇、特的内容在互联网上更容易引起用户的注意。本任务使用视频生成 AI 工具，采用创意的手法，生成特效视频，用以表达特别的情景，也可以将其结合到其他视频中制作成片。

【任务分析】

以 RUNWAY 的 GEN–2 为例，该应用可以输入文字生成视频，也可以导入图片生成视频，生成的视频时常一般是在 16 秒之内。所以它适合生成短的片段，然后用不同短片形成连贯的视频。我们让 RUNWAY 帮我们生成一个穿越时空的列车视频。

【任务指导】

1. 生成视频的基本画面图片

（1）如图 4–31 所示，本案例使用 Midjourney 生成一个超现实的图像。（使用其他图片生成类型 AI 工具也可）。

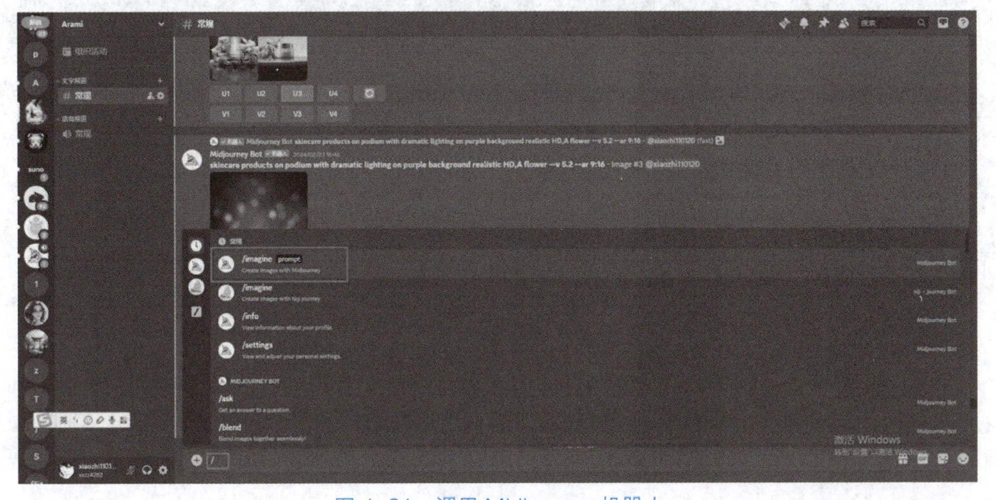

图 4–31　调用 Midjourney 机器人

（2）如图 4–32 所示，在对话框中输入 / 符号调用：“/imagine”，然后输入英文“A train traveling through time and space，a cloud vortex，ultimate details”。

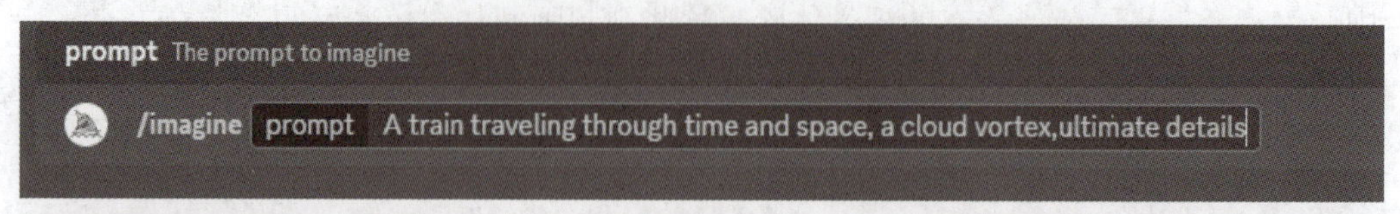

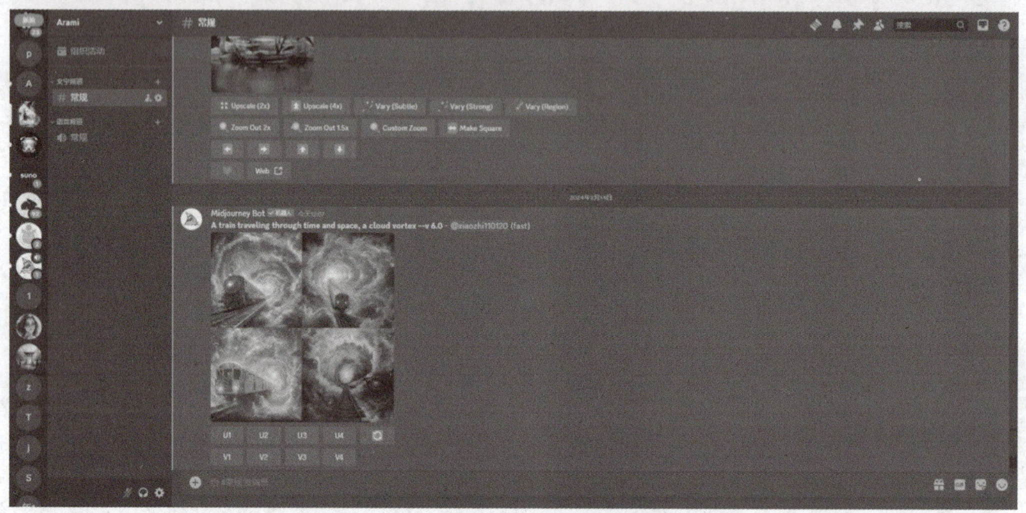

图 4–32　使用 Midjourney 生成酷炫画面

（3）如图 4–33 所示，生成的 4 张图中，比较满意的是第 3 张，因此选择“U3”就能得到这张的高清图。

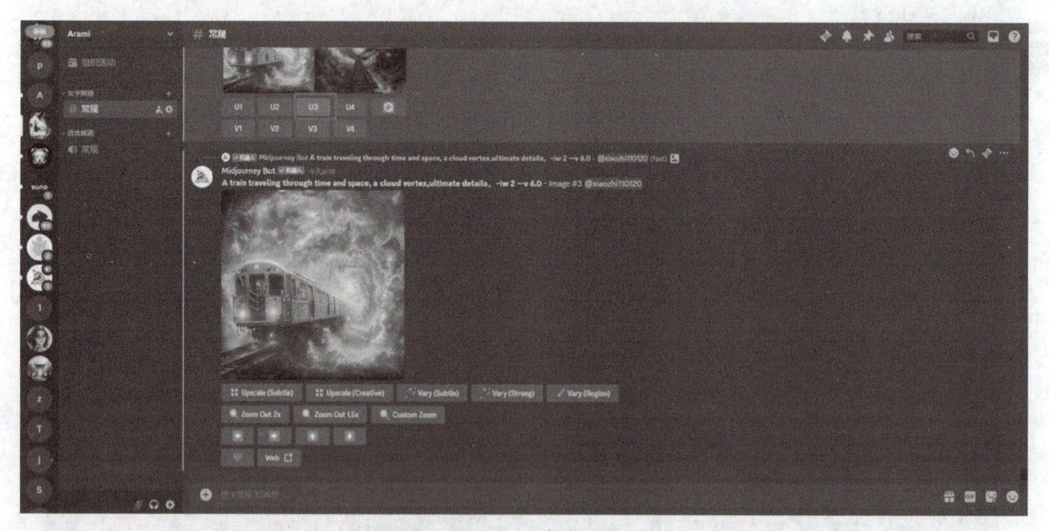

图 4–33　选择一张满意的图片

（4）如图 4–34 所示，单击图片后，在弹出对话框中选择“在浏览器中打开”，在浏览器中打开后可以将图片保存到本地电脑。

课堂笔记

图 4-34　导出高清图片

2. 使用 RUNWAY 将图片转成动态的视频

（1）如图 4-35 所示，打开网址 https://app.runwayml.com/ 注册机登录后，选择“Start with lmage”按钮。

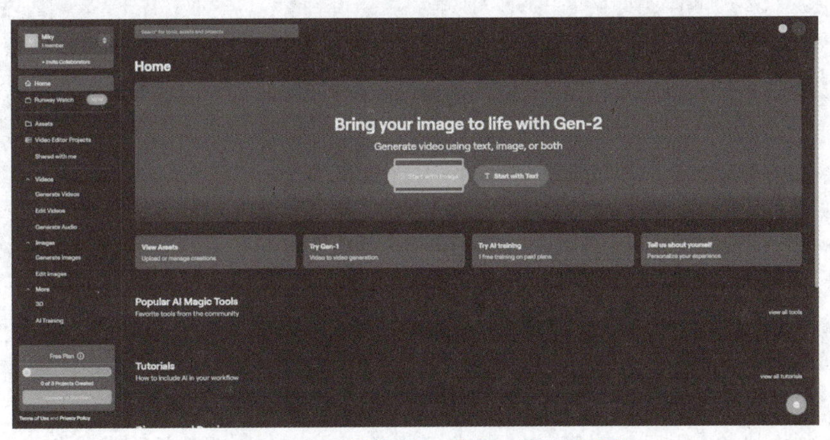

图 4-35　图片转视频工具 RUNWAY 界面

（2）如图 4-36 所示 RUNWAY 有 3 个选项：文本生成视频、图片生成视频、机器自动生成视频。我们选择“IMAGE”选项卡，上传图片，如图 4-37 所示。

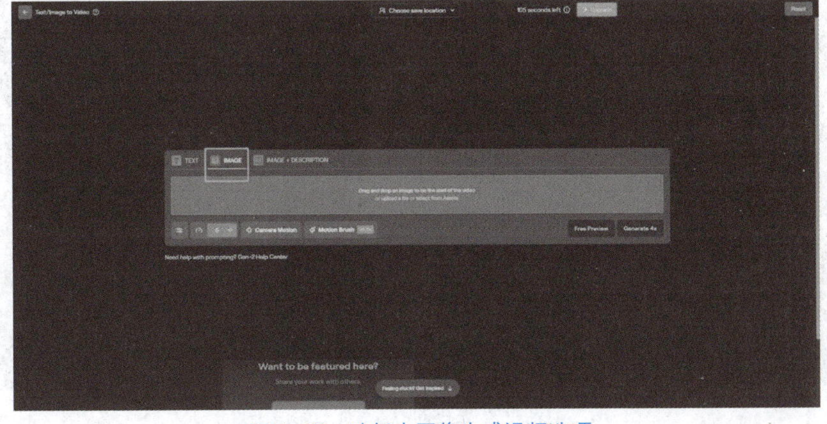

图 4-36　选择由图像生成视频选项

图 4–37　上传图片

（3）如图 4–37 所示，选中“1”所在的位置，为视频中动态变化的幅度，从 1~10，数值越大，图像上的物体越容易变形。列车是比较具体轮廓的物体，所以数值不宜过大。

（4）如图 4–38 所示，Camera Motion 是镜头运动规律调整，可以左右移动，上下移动，或产生透视效果等，根据自己的需求来调整。

图 4–38　调整 RUNWAY 参数

（5）如图 4–39 所示，对于已经生成好的视频，单击右上角的下载按钮。

图 4–39　导出 RUNWAY 生成的视频

课堂笔记

【任务实施】

制作视频特效内容。

（1）构思一个视频特效的内容思路。

（2）制作静态图片。

（3）将图片转成视频短片。

【任务思考】

如何让这些视频短片形成连贯的视频影片？

拓展阅读

扫描二维码，查看“AIGC 生成视频的后期处理及行业资讯”的更多拓展知识。

【项目完成评价表】

<table>
<tr><td colspan="4">学生自评（40 分）</td><td>得分：</td></tr>
<tr><td colspan="5">计分标准：A：9 分，B：7 分，C：5 分</td></tr>
<tr><td>评价维度</td><td>评价指标</td><td colspan="3">学生自评
要求
（A 掌握；B 基本掌握；C 未掌握）</td></tr>
<tr><td rowspan="4">课堂参与度</td><td>线上互动活动完成度</td><td>A□</td><td>B□</td><td>C□</td></tr>
<tr><td>线下课堂互动参与度</td><td>A□</td><td>B□</td><td>C□</td></tr>
<tr><td>预习与资料查找</td><td>A□</td><td>B□</td><td>C□</td></tr>
<tr><td>探究活动完成度</td><td>A□</td><td>B□</td><td>C□</td></tr>
<tr><td rowspan="3">作业质量</td><td>作业的完成度</td><td>A□</td><td>B□</td><td>C□</td></tr>
<tr><td>作业的准确性</td><td>A□</td><td>B□</td><td>C□</td></tr>
<tr><td>作业的创新性</td><td>A□</td><td>B□</td><td>C□</td></tr>
<tr><td rowspan="3">创作成果创新性</td><td>作品的专业水平</td><td>A□</td><td>B□</td><td>C□</td></tr>
<tr><td>成果的实用性与商业价值</td><td>A□</td><td>B□</td><td>C□</td></tr>
<tr><td>成果的创新性与市场潜力</td><td>A□</td><td>B□</td><td>C□</td></tr>
<tr><td rowspan="3">职业道德思想意识</td><td>爱岗敬业、认真严谨</td><td>A□</td><td>B□</td><td>C□</td></tr>
<tr><td>遵纪守法、遵守职业道德</td><td>A□</td><td>B□</td><td>C□</td></tr>
<tr><td>顾全大局、团结合作</td><td>A□</td><td>B□</td><td>C□</td></tr>
<tr><td colspan="4">教师评价（60 分）</td><td>得分：</td></tr>
<tr><td>教师评语</td><td colspan="4"></td></tr>
<tr><td>总成绩</td><td colspan="2"></td><td>教师签字</td><td></td></tr>
<tr><td colspan="5">注：学生自评部分，学生需根据自身情况填写自测结果，并遵循评价要求。</td></tr>
</table>

项目五

人工智能办公应用

【知识目标】

（1）理解企业经营过程中数据分析的重要性。

（2）理解 AIGC 工具在智能办公的作用。

【技能目标】

（1）掌握利用 AIGC 工具做好 Excel 表格数据分析。

（2）掌握利用 AIGC 工具制作品牌推广方案思维导图及 PPT。

（3）掌握利用 AIGC 工具生成商业计划书及调查问卷。

【素质目标】

（1）树立职业道德，具备高度的责任感。

（2）培养创新意识与实践能力，勇于尝试新的 AI 办公应用方法和模式。

（3）培养数据分析能力。

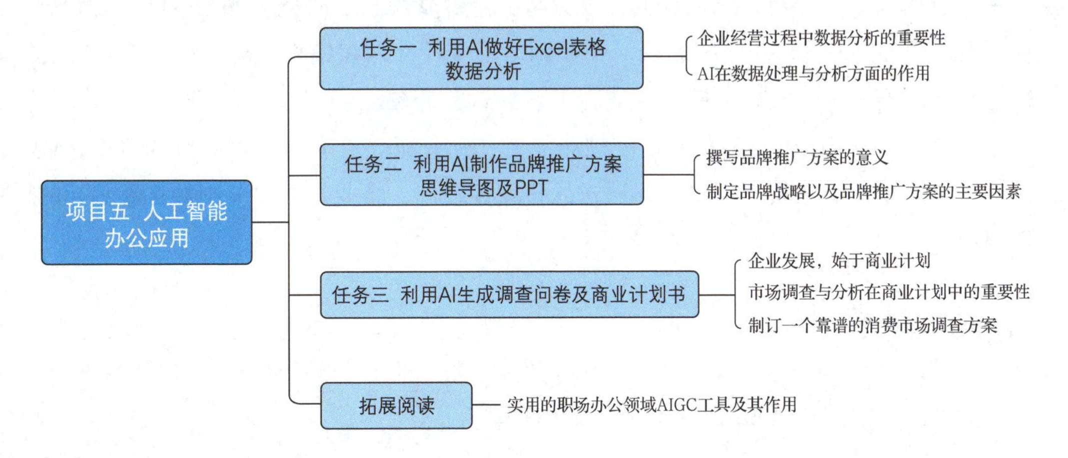

任务一　利用 AI 做好 Excel 表格数据分析

【案例引入】

将 AI 人工智能数据处理能力与企业经营相结合

石狮市某知名鞋类制造企业，随着业务的迅速扩张，其经营数据呈现出爆炸式增长。传统的业务推进流程，需要靠大量市场人员与数据分析、内容制作人员，业务流程方法不仅效率低下，人员薪资还占据了企业成本的巨大比例。近一年，嗅探到 AI 人工智能技术在数据分析方面的巨大应用前景，该企业引入 AI 人工智能技术来优化其经营数据分析与内容输出流程，使团队效率大大提升，不再需要大量的人力，为企业节约经营成本。

AI 工具的应用与成效。该企业选择了一款先进的 AI 数据分析工具，该工具利用机器学习算法对海量数据进行深度学习，并自动进行数据分类、筛选和趋势预测。员工们通过这款工具，能够迅速获取到经过 AI 处理的高质量数据分析报告。

效率提升。AI 工具自动化了大部分数据处理和分析工作，使员工从烦琐的数据整理中解脱出来。据统计，使用 AIGC 工具后，数据分析的时间从原来的数周缩短至数小时，工作效率提升了 80% 以上。

业务增长。通过对经营数据的深度分析，企业发现了之前被忽视的市场机会和潜在风险。基于 AI 工具提供的建议，企业调整了生产计划和销售策略，结果销售额在短短一年内增长了 20%，同时库存周转率也提高了 15%。

成本节约。由于 AI 工具的精准预测能力，企业能够更准确地预测市场需求，从而减少库存积压和浪费。据估计，通过优化库存管理，企业每年可节约数百万美元的库存成本。

【知识学习】

一、企业经营过程中数据分析的重要性

在数字化时代，数据已经成为企业运营和决策的核心要素。对于一家企业来说，有效地处理和分析市场信息数据，不仅能够帮助企业更好地了解市场趋势和消费者需求，还能够为企业的战略规划和日常运营提供有力支持。

1. 数据驱动的决策制定

数据是决策的基石。通过对市场数据的收集和分析，企业可以洞察市场的变化，识别潜在的机会和威胁。比如，通过分析销售数据，企业可以发现哪些产品受欢迎，哪些销售渠道更有效，从而调整产品策略和营销策略。

2. 优化运营流程

数据处理可以帮助企业优化运营流程。通过对生产、销售、库存等数据的分析，企业可以发现流程中的瓶颈和问题，进而提出改进措施。这不仅可以提高企业的运营效率，还可以降低成本，增强企业的竞争力。

3. 提升客户体验

客户是企业最重要的资产。通过收集和分析客户数据，企业可以了解客户的偏好和需求，从而提供更加个性化的产品和服务。这不仅可以提升客户满意度，还可以增加客户黏性，为企业创造更多的价值。

4. 风险管理和预测

数据处理还有助于企业的风险管理和预测。通过对市场数据的分析，企业可以预测市场的走势和趋势，从而提前做好准备，应对可能的风险。此外，数据分析还可以帮助企业识别潜在的欺诈行为和不正当竞争，保护企业的利益。

5. 创新驱动发展

在数据驱动的时代，数据处理已经成为企业创新的重要驱动力。通过对数据的深入挖掘和分析，企业可以发现新的商业模式和机会，推动企业的创新发展。

二、AI 在数据处理与分析方面的作用

随着科技的不断发展，人工智能（AI）已经逐渐渗透到职场办公的各个领域，而在数据分析领域，AI 的作用更是日益凸显。数据分析已经成为现代企业和组织决策的核心，而 AI 工具的引入，使数据分析更加高效、精准和有价值。

1. 提高数据分析效率

传统的数据分析工作往往耗时耗力，需要大量的手工操作和计算。而 AI 工具的引入，使数据分析过程更加自动化和智能化。AI 可以通过自动化数据收集、清洗、整合等步骤，减少人工操作的时间和错误率。同时，AI 还能够快速处理和分析大量数据，提高数据分析的效率。

2. 增强数据处理的准确性

数据分析的准确性对于企业和组织的决策至关重要。AI 工具通过先进的算法和模型，能够更准确地处理和分析数据。AI 可以自动识别和纠正数据中的异常值和错误，减少人为因素对数据准确性的影响。此外，AI 还能够处理复杂的数据关系和非结构化数据，提供更全面的数据分析结果。

3. 实现数据驱动的决策

AI 工具不仅能够帮助企业和组织更好地理解数据，还能够通过数据驱动决策。AI 可以通过预测模型和分析结果，为企业提供关于市场趋势、客户需求、竞争对手等方面的洞察。这些洞察可以帮助企业制定更精准的市场策略、优化产品和服务，从而提高市场竞争力。

4. 发现隐藏的价值和趋势

在数据分析领域，AI 工具能够帮助企业和组织发现数据中的隐藏价值和趋势。AI 可以通过深度学习和数据挖掘等技术，从大量数据中提取有用的信息，发现潜在的市场机会和业务风险。这些信息和趋势可以为企业提供宝贵的决策支持，帮助企业在激烈的市场竞争中脱颖而出。

5. 优化工作流程和团队协作

AI 工具还能够优化数据分析领域的工作流程和团队协作。AI 可以通过自动化工作流程、减少重复任务等方式，降低员工的工作负担，提高工作效率。同时，AI 还能够促进团队协作和沟通，实现信息的快速共享和整合。这有助于提高团队的协同作战能力，加速数据分析项目的完成。

【任务实训】

利用 AI 做好 Excel 表格数据分析。

【任务描述】

做好数据分析能够帮助企业和组织发现经营中的隐藏价值和趋势，AI 工具可以帮助我们处理复杂的表格运算。本任务使用文本型 AI 工具，辅助我们做好工作中的数据分析。

【任务分析】

在工作中信息处理、业务流程处理等方面，Excel 表格是我们必不可少的工具，把信息记录成表格，可以让信息更精确、逻辑更清晰、业务衔接更流畅，如图 5-1 所示。有经验的人善于应用函数公式，能实现表格高效信息处理，避免手动处理的烦琐；而对于不会用函数公式的人来说，就可以借助 AI 工具，帮助快速处理好表格信息。

【任务指导】

1. 表格数据基础运算

（1）如图 5-2 所示，向文心一言提出需求，分析薪资表里的一些数据情况。将需求填写在对话框里，发送给文心一言：我需要一个 Excel 公式，去求 R4 到 R13 中数据的平均值。

课堂笔记

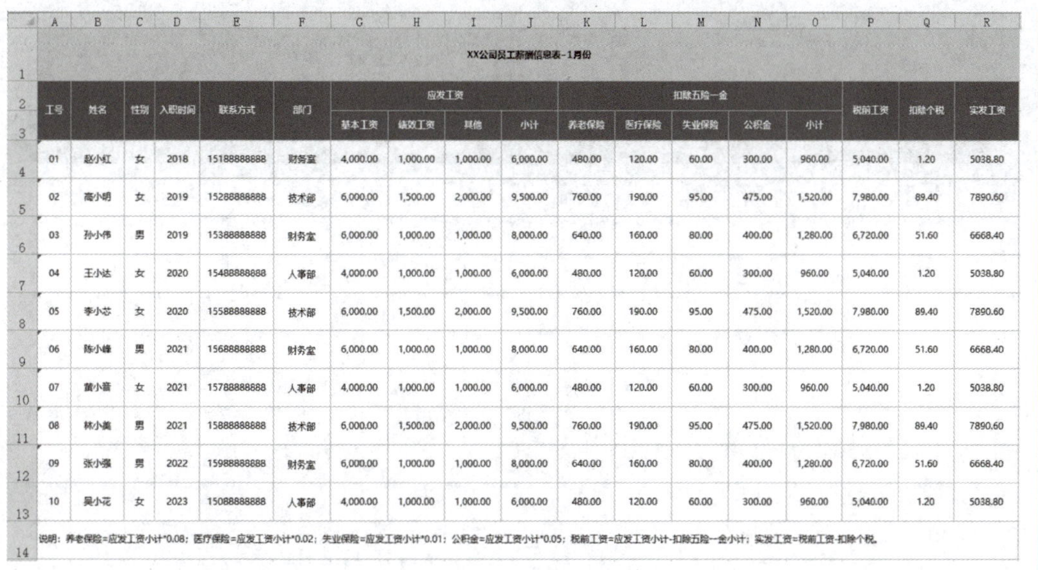

XX公司员工薪酬信息表-1月份

工号	姓名	性别	入职时间	联系方式	部门	应发工资				扣除五险一金					税前工资	扣除个税	实发工资
						基本工资	绩效工资	其他	小计	养老保险	医疗保险	失业保险	公积金	小计			
01	赵小红	女	2018	15188888888	财务室	4,000.00	1,000.00	1,000.00	6,000.00	480.00	120.00	60.00	300.00	960.00	5,040.00	1.20	5038.80
02	高小明	女	2019	15288888888	技术部	6,000.00	1,500.00	2,000.00	9,500.00	760.00	190.00	95.00	475.00	1,520.00	7,980.00	89.40	7890.60
03	孙小伟	男	2019	15388888888	财务室	6,000.00	1,000.00	1,000.00	8,000.00	640.00	160.00	80.00	400.00	1,280.00	6,720.00	51.60	6668.40
04	王小达	女	2020	15488888888	人事部	4,000.00	1,000.00	1,000.00	6,000.00	480.00	120.00	60.00	300.00	960.00	5,040.00	1.20	5038.80
05	李小芯	女	2020	15588888888	技术部	6,000.00	1,500.00	2,000.00	9,500.00	760.00	190.00	95.00	475.00	1,520.00	7,980.00	89.40	7890.60
06	陈小峰	男	2021	15688888888	财务室	6,000.00	1,000.00	1,000.00	8,000.00	640.00	160.00	80.00	400.00	1,280.00	6,720.00	51.60	6668.40
07	黄小蔷	女	2021	15788888888	人事部	4,000.00	1,000.00	1,000.00	6,000.00	480.00	120.00	60.00	300.00	960.00	5,040.00	1.20	5038.80
08	林小美	男	2021	15888888888	技术部	6,000.00	1,500.00	2,000.00	9,500.00	760.00	190.00	95.00	475.00	1,520.00	7,980.00	89.40	7890.60
09	张小强	男	2022	15988888888	财务室	6,000.00	1,000.00	1,000.00	8,000.00	640.00	160.00	80.00	400.00	1,280.00	6,720.00	51.60	6668.40
10	吴小花	女	2023	15088888888	人事部	4,000.00	1,000.00	1,000.00	6,000.00	480.00	120.00	60.00	300.00	960.00	5,040.00	1.20	5038.80

说明：养老保险=应发工资小计*0.08；医疗保险=应发工资小计*0.02；失业保险=应发工资小计*0.01；公积金=应发工资小计*0.05；税前工资=应发工资小计-扣除五险一金小计；实发工资=税前工资-扣除个税。

图 5–1 企业员工薪酬信息表图示

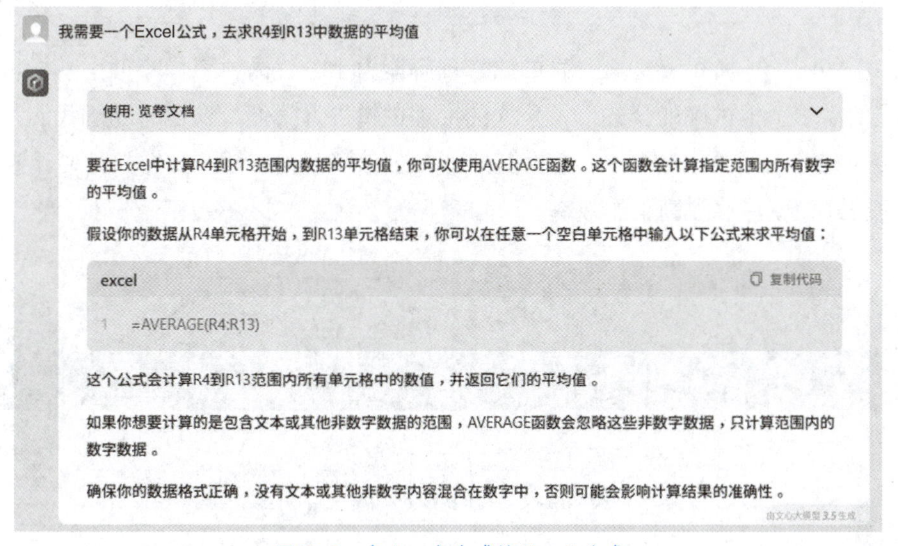

图 5–2 文心一言生成的 Excel 公式

（2）如图 5–3 所示，将文心一言提供的计算公式，填写在我们想要出现平均值的那个单元格，鼠标移到别的单元格上，就可以看到计算出的平均工资数值。这对于经常记不住 Excel 公式的人来说非常方便。

2. 表格数据筛选运算

（1）提出更负责的需求。如果我们想要的只是“技术部门”的平均工资呢？我们不需要手动调整表格，只需要把需求描述好：请帮我写一个公式，计算技术部部门的平均实发工资，部门在 F 列，实发工资在 R 列，员工数据从第 4 行开始共有 10 行。

R15　=AVERAGE(R4:R13)

XX公司员工薪酬信息表-1月份

工号	姓名	性别	入职时间	联系方式	部门	应发工资				扣除五险一金					税前工资	扣除个税	实发工资
						基本工资	绩效工资	其他	小计	养老保险	医疗保险	失业保险	公积金	小计			
01	赵小红	女	2018	15188888888	财务室	4,000.00	1,000.00	1,000.00	6,000.00	480.00	120.00	60.00	300.00	960.00	5,040.00	1.20	5038.80
02	高小明	女	2019	15288888888	技术部	6,000.00	1,500.00	2,000.00	9,500.00	760.00	190.00	95.00	475.00	1,520.00	7,980.00	89.40	7890.60
03	孙小伟	男	2019	15388888888	财务室	6,000.00	1,000.00	1,000.00	8,000.00	640.00	160.00	80.00	400.00	1,280.00	6,720.00	51.60	6668.40
04	王小达	女	2020	15488888888	人事部	4,000.00	1,000.00	1,000.00	6,000.00	480.00	120.00	60.00	300.00	960.00	5,040.00	1.20	5038.80
05	李小芯	女	2020	15588888888	技术部	6,000.00	1,500.00	2,000.00	9,500.00	760.00	190.00	95.00	475.00	1,520.00	7,980.00	89.40	7890.60
06	陈小峰	男	2021	15688888888	财务室	6,000.00	1,000.00	1,000.00	8,000.00	640.00	160.00	80.00	400.00	1,280.00	6,720.00	51.60	6668.40
07	黄小音	女	2021	15788888888	人事部	4,000.00	1,000.00	1,000.00	6,000.00	480.00	120.00	60.00	300.00	960.00	5,040.00	1.20	5038.80
08	林小美	男	2021	15888888888	技术部	6,000.00	1,500.00	2,000.00	9,500.00	760.00	190.00	95.00	475.00	1,520.00	7,980.00	89.40	7890.60
09	张小强	男	2022	15988888888	财务室	6,000.00	1,000.00	1,000.00	8,000.00	640.00	160.00	80.00	400.00	1,280.00	6,720.00	51.60	6668.40
10	吴小花	女	2023	15088888888	人事部	4,000.00	1,000.00	1,000.00	6,000.00	480.00	120.00	60.00	300.00	960.00	5,040.00	1.20	5038.80
																	6383.22

说明：养老保险=应发工资小计*0.08；医疗保险=应发工资小计*0.02；失业保险=应发工资小计*0.01；公积金=应发工资小计*0.05；税前工资=应发工资小计-扣除五险一金小计；实发工资=税前工资-扣除个税。

图 5-3　将求和公式带入表格后得到数据

（2）如图 5-4 所示，文心一言的语言理解能力十分优秀，就像小助手一样理解我们真正的需求，把正确的公式以及公式的推理逻辑告诉我们，这也有助于我们判断公式是否正确。有了 AI 工具，不论我们处理多少信息量的 Excel 文件，只要让它帮我们用好公式，就能够提高工作效率。

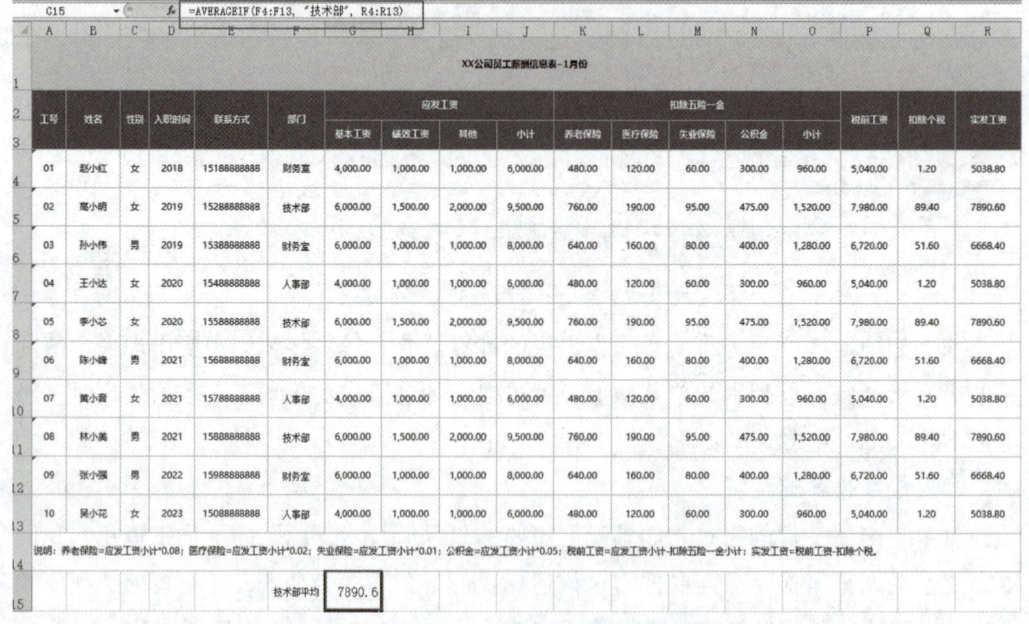

G15　=AVERAGEIF(F4:F13, "技术部", R4:R13)

XX公司员工薪酬信息表-1月份

工号	姓名	性别	入职时间	联系方式	部门	应发工资				扣除五险一金					税前工资	扣除个税	实发工资
						基本工资	绩效工资	其他	小计	养老保险	医疗保险	失业保险	公积金	小计			
01	赵小红	女	2018	15188888888	财务室	4,000.00	1,000.00	1,000.00	6,000.00	480.00	120.00	60.00	300.00	960.00	5,040.00	1.20	5038.80
02	高小明	女	2019	15288888888	技术部	6,000.00	1,500.00	2,000.00	9,500.00	760.00	190.00	95.00	475.00	1,520.00	7,980.00	89.40	7890.60
03	孙小伟	男	2019	15388888888	财务室	6,000.00	1,000.00	1,000.00	8,000.00	640.00	160.00	80.00	400.00	1,280.00	6,720.00	51.60	6668.40
04	王小达	女	2020	15488888888	人事部	4,000.00	1,000.00	1,000.00	6,000.00	480.00	120.00	60.00	300.00	960.00	5,040.00	1.20	5038.80
05	李小芯	女	2020	15588888888	技术部	6,000.00	1,500.00	2,000.00	9,500.00	760.00	190.00	95.00	475.00	1,520.00	7,980.00	89.40	7890.60
06	陈小峰	男	2021	15688888888	财务室	6,000.00	1,000.00	1,000.00	8,000.00	640.00	160.00	80.00	400.00	1,280.00	6,720.00	51.60	6668.40
07	黄小音	女	2021	15788888888	人事部	4,000.00	1,000.00	1,000.00	6,000.00	480.00	120.00	60.00	300.00	960.00	5,040.00	1.20	5038.80
08	林小美	男	2021	15888888888	技术部	6,000.00	1,500.00	2,000.00	9,500.00	760.00	190.00	95.00	475.00	1,520.00	7,980.00	89.40	7890.60
09	张小强	男	2022	15988888888	财务室	6,000.00	1,000.00	1,000.00	8,000.00	640.00	160.00	80.00	400.00	1,280.00	6,720.00	51.60	6668.40
10	吴小花	女	2023	15088888888	人事部	4,000.00	1,000.00	1,000.00	6,000.00	480.00	120.00	60.00	300.00	960.00	5,040.00	1.20	5038.80
					技术部平均	7890.6											

说明：养老保险=应发工资小计*0.08；医疗保险=应发工资小计*0.02；失业保险=应发工资小计*0.01；公积金=应发工资小计*0.05；税前工资=应发工资小计-扣除五险一金小计；实发工资=税前工资-扣除个税。

图 5-4　将求平均公式带入表格后得到数据

3. 表格数据生成公式

（1）分析需求。前期入职编号只编辑了 2 位数数字的工号，不便于以后的员工管理，现需要将入职时间结合到工号中，形成新的员工编码。办公中表格资料通常非常多，并且也经常需要针对新情况，对表格进行批量修改，那么我们就应用 AI 工具帮助我们，如图 5–5 所示，将这个需求发送给文心一言：我需要一个 Excel 的公式，将员工的入职时间后面直接跟上工号，形成新的员工编码，将新的员工编码放在 S 列，入职时间在 D 列，工号在 A 列。

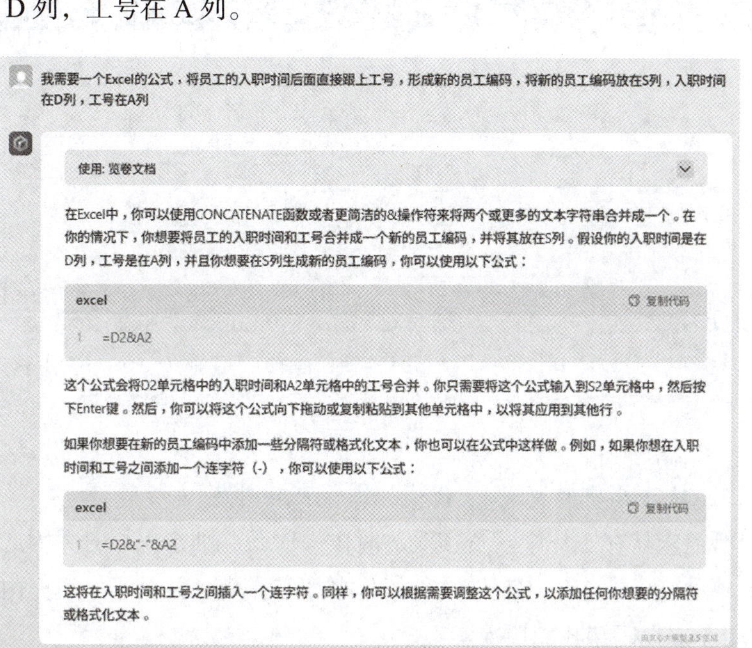

图 5–5　让文心一言处理复杂公式

（2）拿到这个公式“=D2&A2”很轻松，实际在应用时候应注意核对是哪个单元格属性，该表格的信息是从第二行开始的，因此将公式粘贴到 S 列的第二行开始，如图 5–6 所示。

S2　=D2&A2

XX公司员工薪酬信息表－1月份

工号	姓名	性别	入职时间	联系方式	部门	应发工资				扣除五险一金					税前工资	扣除个税	实发工资	入职时间工号
						基本工资	绩效工资	其他	小计	养老保险	医疗保险	失业保险	公积金	小计				
01	赵小红	女	2018	15188888888	财务室	4,000.00	1,000.00	1,000.00	6,000.00	480.00	120.00	60.00	300.00	960.00	5,040.00	1.20	5038.80	
02	高小明	女	2019	15288888888	技术部	6,000.00	1,500.00	2,000.00	9,500.00	760.00	190.00	95.00	475.00	1,520.00	7,980.00	89.40	7890.60	
03	孙小伟	男	2019	15388888888	财务室	6,000.00	1,000.00	1,000.00	8,000.00	640.00	160.00	80.00	400.00	1,280.00	6,720.00	51.60	6668.40	
04	王小达	女	2020	15488888888	人事部	4,000.00	1,000.00	1,000.00	6,000.00	480.00	120.00	60.00	300.00	960.00	5,040.00	1.20	5038.80	
05	李小芯	女	2020	15588888888	技术部	6,000.00	1,500.00	2,000.00	9,500.00	760.00	190.00	95.00	475.00	1,520.00	7,980.00	89.40	7890.60	
06	陈小峰	男	2021	15688888888	财务室	6,000.00	1,000.00	1,000.00	8,000.00	640.00	160.00	80.00	400.00	1,280.00	6,720.00	51.60	6668.40	
07	黄小音	女	2021	15788888888	人事部	4,000.00	1,000.00	1,000.00	6,000.00	480.00	120.00	60.00	300.00	960.00	5,040.00	1.20	5038.80	
08	林小美	男	2021	15888888888	技术部	6,000.00	1,500.00	2,000.00	9,500.00	760.00	190.00	95.00	475.00	1,520.00	7,980.00	89.40	7890.60	
09	张小强	男	2022	15988888888	财务室	6,000.00	1,000.00	1,000.00	8,000.00	640.00	160.00	80.00	400.00	1,280.00	6,720.00	51.60	6668.40	
10	吴小花	女	2023	15088888888	人事部	4,000.00	1,000.00	1,000.00	6,000.00	480.00	120.00	60.00	300.00	960.00	5,040.00	1.20	5038.80	

说明：养老保险=应发工资小计*0.08；医疗保险=应发工资小计*0.02；失业保险=应发工资小计*0.01；公积金=应发工资小计*0.05；税前工资=应发工资小计-扣除五险一金小计；实发工资=税前工资-扣除个税。

图 5–6　使用公式生成新的员工编号

课堂笔记

（3）填写之后，将会发现并没有数据，此时我们得选中 S2 这个单元格，鼠标左键在单元格右下角单击往下拉动，就可以看到生成新的员工编码了，如图 5-7 所示。

XX公司员工薪酬信息表-1月份

工号	姓名	性别	入职时间	联系方式	部门	应发工资				扣除五险一金					税前工资	扣除个税	实发工资	入职时间工号
						基本工资	绩效工资	其他	小计	养老保险	医疗保险	失业保险	公积金	小计				
01	赵小红	女	2018	15188888888	财务室	4,000.00	1,000.00	1,000.00	6,000.00	480.00	120.00	60.00	300.00	960.00	5,040.00	1.20	5038.80	201801
02	高小明	女	2019	15288888888	技术部	6,000.00	1,500.00	2,000.00	9,500.00	760.00	190.00	95.00	475.00	1,520.00	7,980.00	89.40	7890.60	201902
03	孙小伟	男	2019	15388888888	财务室	6,000.00	1,000.00	1,000.00	8,000.00	640.00	160.00	80.00	400.00	1,280.00	6,720.00	51.60	6668.40	201903
04	王小达	女	2020	15488888888	人事部	4,000.00	1,000.00	1,000.00	6,000.00	480.00	120.00	60.00	300.00	960.00	5,040.00	1.20	5038.80	202004
05	李小芯	女	2020	15588888888	技术部	6,000.00	1,500.00	2,000.00	9,500.00	760.00	190.00	95.00	475.00	1,520.00	7,980.00	89.40	7890.60	202005
06	陈小峰	男	2021	15688888888	财务室	6,000.00	1,000.00	1,000.00	8,000.00	640.00	160.00	80.00	400.00	1,280.00	6,720.00	51.60	6668.40	202106
07	黄小音	女	2021	15788888888	人事部	4,000.00	1,000.00	1,000.00	6,000.00	480.00	120.00	60.00	300.00	960.00	5,040.00	1.20	5038.80	202107
08	林小美	男	2021	15888888888	技术部	6,000.00	1,500.00	2,000.00	9,500.00	760.00	190.00	95.00	475.00	1,520.00	7,980.00	89.40	7890.60	202108
09	张小强	男	2022	15988888888	财务室	6,000.00	1,000.00	1,000.00	8,000.00	640.00	160.00	80.00	400.00	1,280.00	6,720.00	51.60	6668.40	202209
10	吴小花	女	2023	15088888888	人事部	4,000.00	1,000.00	1,000.00	6,000.00	480.00	120.00	60.00	300.00	960.00	5,040.00	1.20	5038.80	202310

说明：养老保险=应发工资小计*0.08；医疗保险=应发工资小计*0.02；失业保险=应发工资小计*0.01；公积金=应发工资小计*0.05；税前工资=应发工资小计-扣除五险一金小计；实发工资=税前工资-扣除个税。

图 5-7　向下顺延填充表格数据

4. 调用 Excel 表格中的 VBA 宏代码，进行表格调整

（1）分析需求。在工作中薪资核对的时候一般是单独个人核对，因此需要把每个员工的工资单独存成一个工作表。这种新建多个工作表，并且逐个填充内容的重复性工作，由 VBA 宏代码帮我们快速实现。

VBA 是 Office 软件中开发者工具里面的一个功能。在使用 Office 的过程中，遇到一些重复性的系列工作，特别是在处理大批量的文档或者是数据时，通过录制宏或使用 VBA 编写宏，一系列的工作只需要一个指令电脑就自动完成，这就成倍地提高了我们的工作效率。但是很多人没用过这功能，一是这毕竟是开发者工具，没有一点编码基础，以前根本没办法用。但是现在，可以直接用人工智能帮我们写。

（2）如图 5-8 所示，首先要打开这个开发者工具。如果 Excel 中没有出现“开发者工具”这个选项，则可以单击“文件”→“选项”→“自定义功能区”，找到“开发者工具”把它勾选上，单击“确定”按钮就能显示出来。不同表格工具的 VBA 宏打开方式不太一样，但路径位置类似，或者直接使用快捷键 ALT+F11，打开 VBA 的一个操作窗体，也可自动打开 VBA 宏窗口。

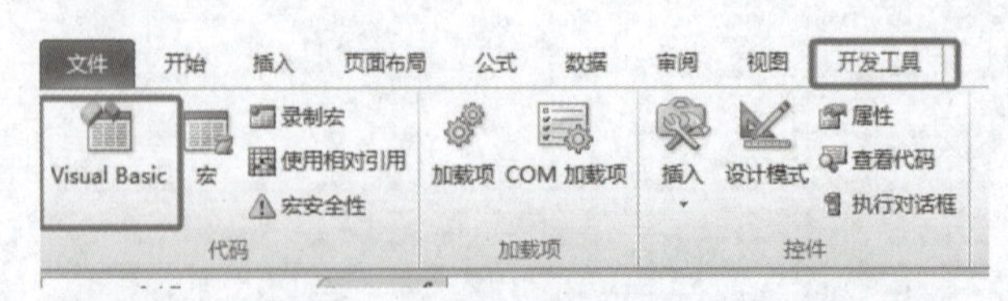

图 5-8　Excel 中的 VBA 宏

（3）在找到 Visual Basic 窗口之后，在空白处鼠标右键，插入一个模块，在弹出的操作窗口里填写代码。如图 5-9 所示，代码不用我们自己写，打开文心一言，把需

求发给它：请写一个基本的 Excel VBA 宏，将工作表名称为“员工薪酬信息表”中从第 4 行到第 13 行，每一行转换为一个新的工作表。需要保留表头，且新的工作表名称为“员工姓名”。

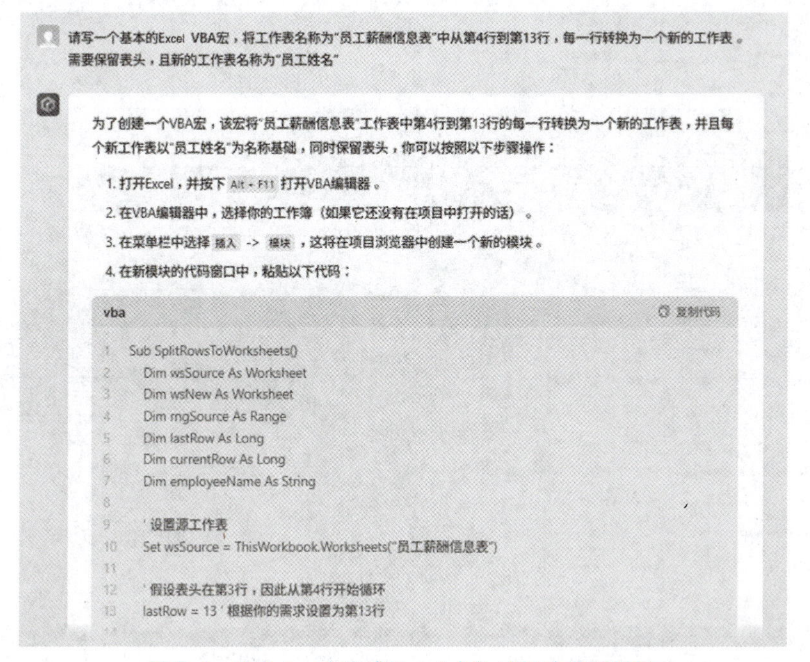

请写一个基本的Excel VBA宏，将工作表名称为“员工薪酬信息表”中从第4行到第13行，每一行转换为一个新的工作表。需要保留表头，且新的工作表名称为“员工姓名”

为了创建一个VBA宏，该宏将“员工薪酬信息表”工作表中第4行到第13行的每一行转换为一个新的工作表，并且每个新工作表以“员工姓名”为名称基础，同时保留表头，你可以按照以下步骤操作：

1. 打开Excel，并按下 Alt + F11 打开VBA编辑器。
2. 在VBA编辑器中，选择你的工作簿（如果它还没有在项目中打开的话）。
3. 在菜单栏中选择 插入 -> 模块 ，这将在项目浏览器中创建一个新的模块。
4. 在新模块的代码窗口中，粘贴以下代码：

vba　　复制代码

```vba
Sub SplitRowsToWorksheets()
    Dim wsSource As Worksheet
    Dim wsNew As Worksheet
    Dim rngSource As Range
    Dim lastRow As Long
    Dim currentRow As Long
    Dim employeeName As String

    '设置源工作表
    Set wsSource = ThisWorkbook.Worksheets("员工薪酬信息表")

    '假设表头在第3行，因此从第4行开始循环
    lastRow = 13 '根据你的需求设置为第13行
```

图 5-9　让文心一言生成 Excel 中的 VBA 宏代码逻辑

（4）文心一言很快回复了代码以及编辑代码的思路，并且还提示“请确保你的工作表布局与代码中的引用相匹配，特别是关于员工姓名所在的列和表头所在的行。如果有所不同，请相应地调整代码中的列号和行号。”要将对应的数据单元格位置对应好，才能让代码执行成功。因此我们再核对一下 Excel 表格里面的信息，如图 5-10 所示，告诉它：实际情况是“员工薪酬信息表”工作表中，表头为第一行到第三行，员工姓名在 B 列。请将上述代码重新调整输出。

实际情况是“员工薪酬信息表”工作表中，表头为第一行到第三行，员工姓名在B列。请将上述代码重新调整输出

了解您的实际情况后，我将对之前的VBA代码进行相应的调整。这次，我们将确保从第四行开始遍历数据，并且考虑到表头占据前三行。以下是更新后的代码：

vba　　复制代码

```vba
Sub SplitRowsToWorksheetsBasedOnEmployeeName()
    Dim wsSource As Worksheet
    Dim wsNew As Worksheet
    Dim rngSource As Range
    Dim lastRow As Long
    Dim currentRow As Long
    Dim employeeName As String

    '设置源工作表
    Set wsSource = ThisWorkbook.Worksheets("员工薪酬信息表")

    '找到最后一行（假设数据没有空行）
    lastRow = wsSource.Cells(wsSource.Rows.Count, "B").End(xlUp).Row
```

图 5-10　让文心一言生成具体的 Excel 中的 VBA 宏代码

课堂笔记

（5）了解实际情况后，文心一言将之前的 VBA 代码进行相应的调整。这次将确保从第四行开始遍历数据，并且考虑到表头占据前三行，然后生成新的代码。选择代码框右上方的“复制代码”，把它粘贴到 VBA 的这个窗口里，如图 5-11 所示。

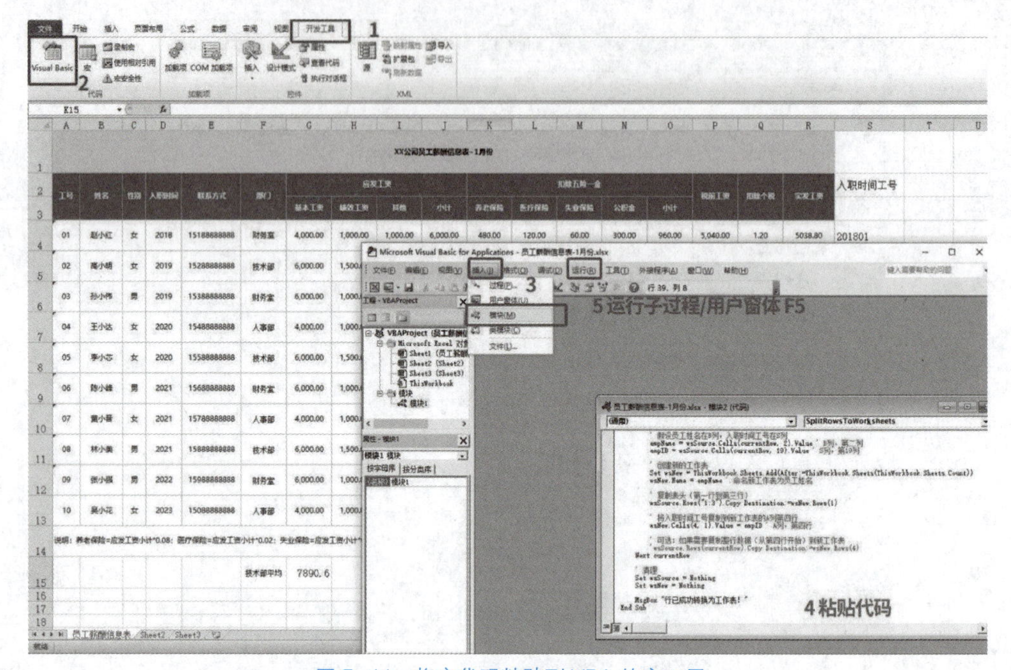

图 5-11　将宏代码粘贴到 VBA 的窗口里

（6）单击“运行”按钮，就可以看到，仅仅几秒时间，就已经全部生成了新的子表格。如图 5-12 所示，每个员工工资信息，都对应着生成好了，而且都有表头，工作表的名称也是对应上的。

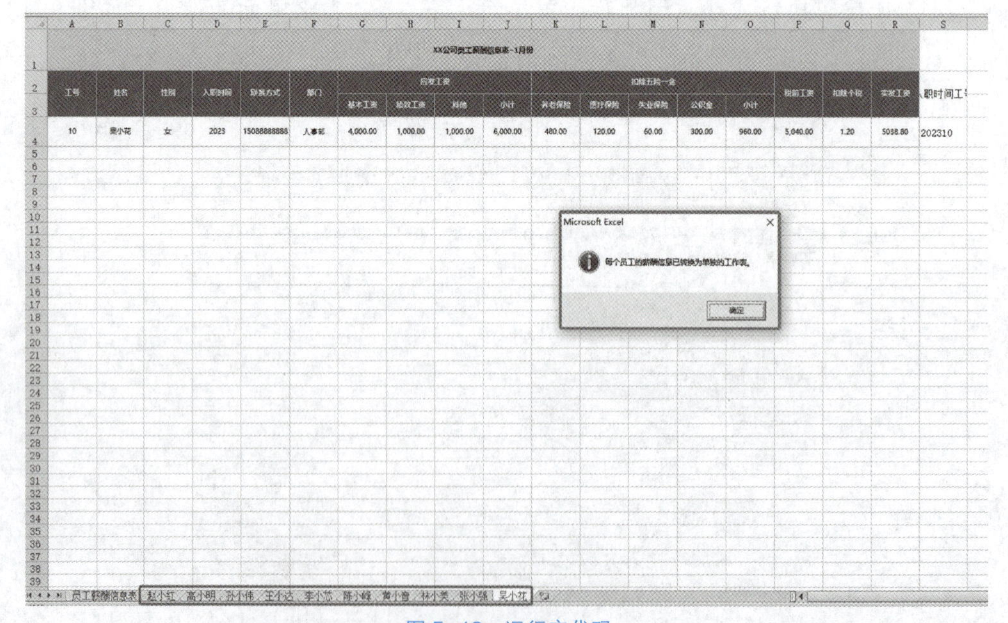

图 5-12　运行宏代码

课堂笔记

在没有 AI 工具之前，拆分表格的任务，如果没有专业的人员指导，可能一个小时、甚至是半天时间才能完成。使用 AI 工具，能帮助我们提升巨大的工作效率。不过，实际应用中需要注意的是，需求描述一定要清晰明确。对于 AI 工具，它的能力远远不止于此，除了处理表格和数据，办公经常要用到 Word 写文档，让 AI 工具帮我们写文本内容、处理 Word 里面的 VBA 功能，比如创建、打开、关闭、保存 Word 文档、读取修改和插入文本内容……而对 Word 文档进行格式设置，如字体、字号、颜色、段落、表格等，甚至是自动化 Word 文档的生成、编辑和打印过程，让 AI 工具帮忙写自动代码，我们只需要给出指令和粘贴代码运行，大大地提升了效率。

【任务实施】

制作相关表格，并进行函数运算。

（1）表格数据基础运算。

（2）表格数据筛选运算。

（3）表格数据生成的公式。

（4）使用 AI 工具编辑 Excel 表格中的 VBA 宏代码，进行表格调整。

【任务思考】

使用 AI 工具处理表格数据，还能应用在什么场合？

任务二　利用 AI 制作品牌推广方案思维导图及 PPT

【案例引入】

江中猴菇的品牌战略①

疫情之后，营养、健康、养生等话题日益成为人们关注的焦点。江中猴姑对于大健康产业的涉足已有十余年之久，是业内较早提出“食疗”养生概念的品牌，也是最早推出江中猴菇饼干养胃等产品打爆市场的产业开创者。

品牌战略。江中猴姑围绕着“养胃”的利益点，进行一系列的品牌体系建设。在口号创意上选用“养脾胃，才够味”的品牌口号。口号传达给受众多层信息点：第一点：“什么样的饼干才是有味道的——养胃的”，第二点“江中猴姑能带来什么利益点——养胃”，同时也弥补了一些产品层面的缺失，对于一些不太能接受江中猴姑饼干的受众以强有力的价值来吸引受众。顶层设计对于品牌的发展至关重要。在一家企业中，如果没有一个长远的规划和细致的执行，那么品牌的发展将会一片混乱。企业需要明确自己的定位、目标市场、品牌理念等信息，这些信息对品牌的发展非常关键。

销售战略。求新、求变，连亏三年的江中食疗最终翻盘——品牌战略还需落地到销售战略。除了传统商超渠道，江中食疗早早入驻了天猫等电商平台，入驻第二年猴姑米稀的天猫销售额已达到 2 亿元。而在此之外，近几年江中食疗还有一条“销售暗线”：拥有 14 万忠实粉丝的超级用户社群。在社区维护内容上，宣传的卖点方面，主要围绕“传统食疗配方”+“现代工艺技术”的品牌卖点，古今现代相结合，增加品牌的信任感背书，更以科普形式讲述自身品牌故事和品牌创立初衷。另外，江中食疗还开通积分商城，开展积分换购活动；使用有赞“分销员”功能，以返佣的形式奖励用户分享店铺商品；开通“用户说”版块，以“晒单”的形式与用户保持长期互动，好的互动不断强化了品牌价值，也带来稳固的销售基础。

① 内容来源：1 个有赞小程序 +30 个微信小号，江中食疗如何供养 14 万超级社群 https://www.sohu.com/a/250336634_100174687。

【知识学习】

一、撰写品牌推广方案的意义

对于一个家公司，特别是零售行业的公司来说，撰写品牌推广方案具有非常重要的意义。清晰的品牌战略及具体的品牌推广方案有以下 6 个作用。

明确品牌定位：品牌推广方案首先可以帮助公司明确自己的品牌定位。这包括确定公司的目标市场、目标客户、品牌特点和优势等。明确的品牌定位有助于公司在市场竞争中找准自己的位置，为后续的营销活动提供指导。

提升品牌知名度：通过品牌推广方案，公司可以有针对性地进行各种营销活动，如广告宣传、公关活动、社交媒体推广等，从而提升品牌的知名度和影响力。品牌知名度的提升有助于吸引更多的潜在客户，增加销售额。

增强品牌形象：品牌推广方案通常包括品牌形象的塑造和传播。通过精心设计的品牌形象，公司可以传达出自己的企业文化、价值观和产品特点，从而增强客户对品牌的认同感和信任感。良好的品牌形象有助于建立品牌忠诚度，促进客户复购。

指导营销活动：品牌推广方案为公司的营销活动提供了明确的指导。从策划到执行，再到评估，品牌推广方案都需要详细规划。这有助于确保营销活动的一致性和连贯性，提高营销效果。

应对市场竞争：零售行业竞争激烈，撰写品牌推广方案可以帮助公司更好地应对市场竞争。通过深入了解竞争对手的品牌策略和营销手段，公司可以制订出更具针对性的品牌推广方案，从而在竞争中脱颖而出。

促进业务增长：品牌推广方案的最终目的是促进公司的业务增长。通过提升品牌知名度、增强品牌形象和指导营销活动，公司可以吸引更多的客户，提高客户满意度和忠诚度，从而实现业务增长。

二、制定品牌战略以及品牌推广方案的主要因素

对于一个零售行业的公司来说，制定品牌战略以及品牌推广方案时，主要需要考虑以下因素：

1. 目标市场与目标客户

分析目标市场的特点，包括市场规模、市场增长率、市场趋势等。确定目标客户群体，包括他们的年龄、性别、收入水平、消费习惯等。了解目标客户的需求和期望，以及他们的购买决策过程。

2. 品牌定位与差异化

确定品牌在市场中的定位，即品牌希望被消费者如何认知和感知。分析竞争对手的品牌定位，找出自己的差异化和独特卖点。明确品牌的核心价值和承诺，以及品牌与竞争对手的区分点。

3. 品牌形象与声誉

设计品牌的视觉识别元素，如标志、字体、颜色等。建立品牌声誉，通过提供优质的产品和服务来树立积极的品牌形象。管理品牌的口碑和在线评价，及时回应消费者的反馈和投诉。

4. 营销渠道与传播策略

分析各种营销渠道（如线上平台、实体店、社交媒体等）的优缺点，选择适合目标客户的渠道。制定传播策略，包括广告、公关、内容营销、社交媒体营销等，以有效地传达品牌信息。利用数据分析工具来跟踪和分析营销活动的效果，不断优化传播策略。

5. 预算与资源分配

制定品牌推广的预算，确保有足够的资金支持品牌的推广和营销活动。合理分配资源，包括人力、物力和财力，以确保品牌战略和推广方案的顺利实施。

6. 法规与合规性

了解并遵守相关的法律法规，如广告法、消费者权益保护法等。确保品牌活动和营销策略符合道德和社会责任标准。

7. 持续性与灵活性

制定长期的品牌战略规划，确保品牌发展的持续性和稳定性。保持足够的灵活性，以便在市场变化和消费者需求变化时及时调整品牌战略和推广方案。

8. 员工与合作伙伴

培训员工，确保他们了解并认同品牌的战略和价值观。与合作伙伴建立良好的关系，共同推广品牌，扩大品牌的影响力。考虑这些因素可以帮助零售公司制定出一个全面、有针对性的品牌战略和品牌推广方案，从而实现品牌的长远发展和业务增长。

【任务实训】

利用 AI 制作品牌推广方案思维导图及 PPT。

【任务描述】

一个零食品牌需要扩大品牌影响力，作为企业市场工作人员，需要以清晰的思路汇报方案，并且可落地执行。本任务综合使用文本类型、PPT 制作类型 AI 工具，生成品牌推广方案相关文档。

【任务分析】

当我们拿到这个任务的时候，分析这是一系列综合的任务。首先要有构思的文案，再将文档调整成思维导图形式，与相关工作人员探讨与调整，再把相对确定的文档信息制作成 PPT，在正式的会议中进行讲解演示，来推进品牌推广的工作。

【任务指导】

1. 设计问题，生成方案文字稿

（1）赋予 AI 准确的身份角色，根据需求给予 AI 工具要回答内容的背景、任务、限制条件，可以尽快获得我们想要的答案。例如，我们将以下设计好的问题发送给文心一言：你现在是一个资深的市场营销策划师，请你写一个关于零食品牌的推广方案，字数 1000 左右，需要清晰地罗列具体可执行的步骤，如图 5–13 所示。

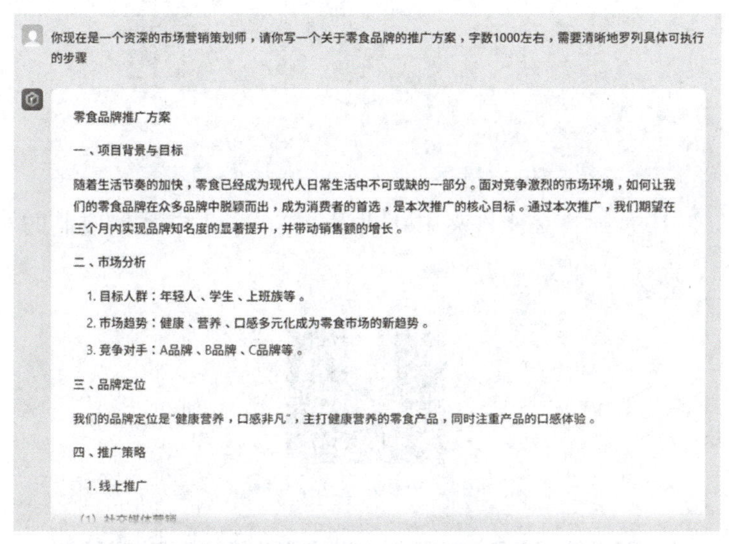

图 5–13　使用文心一言撰写方案

（2）如图 5–14 所示，文心一言紧紧围绕着我们的活动方案框架去写，从项目背景与目标、市场分析、品牌定位、推广策略、执行计划、预算与评估等方面展开陈述，对于我们特别强调的“需要清晰地罗列具体可执行的步骤”它也给出了时间与计划安排，如果受字数限制，可以发送“继续”让文心一言继续书写。

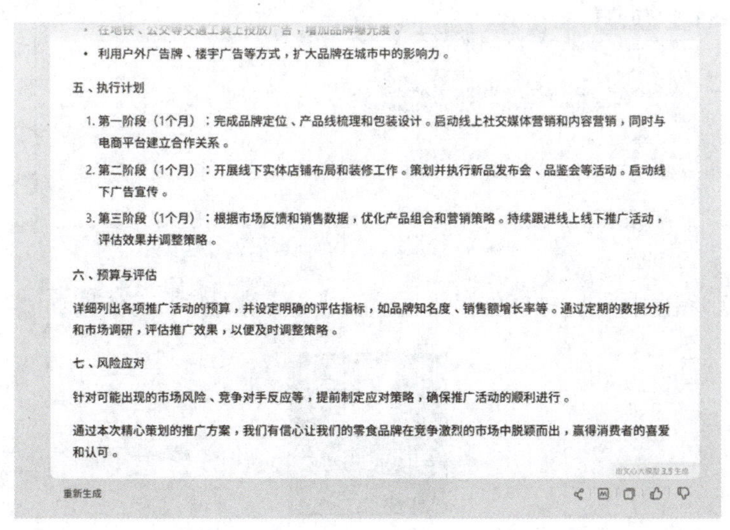

图 5–14　让文心一言继续书写

2. 进一步优化成思维导图

（1）一份推广方案书，如果只是以文档形式传阅给其他工作人员，非常不直观且比较枯燥。在工作会议中，通常与其他工作人员交流方案，需要以思维导图或者 PPT 的形式呈现。接下来我们来逐步制作，首先让文心一言帮我们生成思维导图格式。如图 5–15 所示，在文心一言回答的右下方找到这个按钮，就可以复制 Markdown 代码的格式。

图 5–15　复制文心一言 Markdown 代码的格式

（2）如图 5–16 所示，在文件夹中新建记事本文档，将刚刚复制的 Markdown 代码粘贴在里面、保存，如图 5–17 所示。

图 5–16　新建文本文档

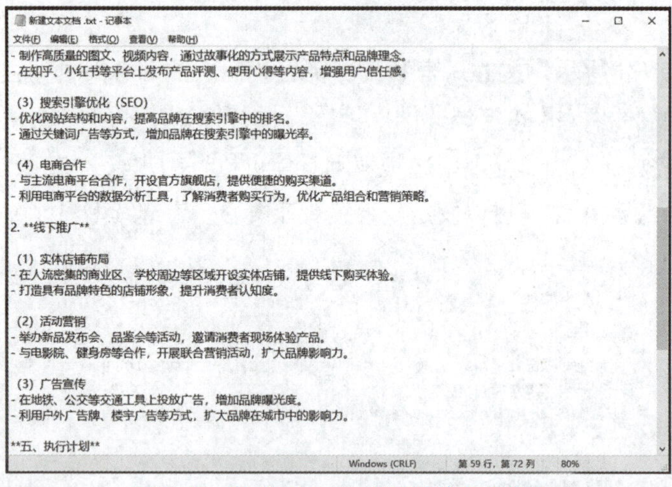

- 制作高质量的图文、视频内容，通过故事化的方式展示产品特点和品牌理念。
- 在知乎、小红书等平台上发布产品评测、使用心得等内容，增强用户信任感。

(3) 搜索引擎优化（SEO）
- 优化网站结构和内容，提高品牌在搜索引擎中的排名。
- 通过关键词广告等方式，增加品牌在搜索引擎中的曝光率。

(4) 电商合作
- 与主流电商平台合作，开设官方旗舰店，提供便捷的购买渠道。
- 利用电商平台的数据分析工具，了解消费者购买行为，优化产品组合和营销策略。

2. **线下推广**

(1) 实体店铺布局
- 在人流密集的商业区、学校周边等区域开设实体店铺，提供线下购买体验。
- 打造具有品牌特色的店铺形象，提升消费者认知度。

(2) 活动营销
- 举办新品发布会、品鉴会等活动，邀请消费者现场体验产品。
- 与电影院、健身房等合作，开展联合营销活动，扩大品牌影响力。

(3) 广告宣传
- 在地铁、公交等交通工具上投放广告，增加品牌曝光度。
- 利用户外广告牌、楼宇广告等方式，扩大品牌在城市中的影响力。

五、执行计划

图 5–17　将 Markdown 代码粘贴在文档里

（3）如图 5–18 所示，把文件名及后缀改成“零食品牌推广方案 .md”。

图 5–18　改变文档的名字和后缀

（4）如图 5–19 所示，打开思维导图类型工具，比如 XMind。依次单击“文件”→“导入”→“Markdown”，选择刚才保存好的“零食品牌推广方案 .md”打开。

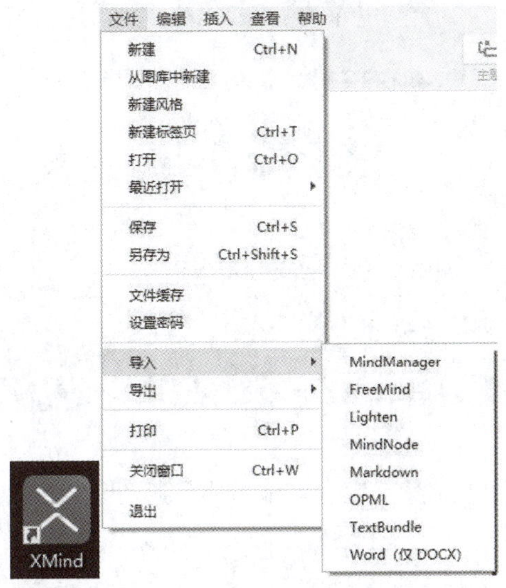

图 5–19　将 md 文档导入 XMind

（5）导入成功，等待解析完成，如图 5–20 所示，生成了思维导图。如果需要调整，则直接在思维导图中调整。

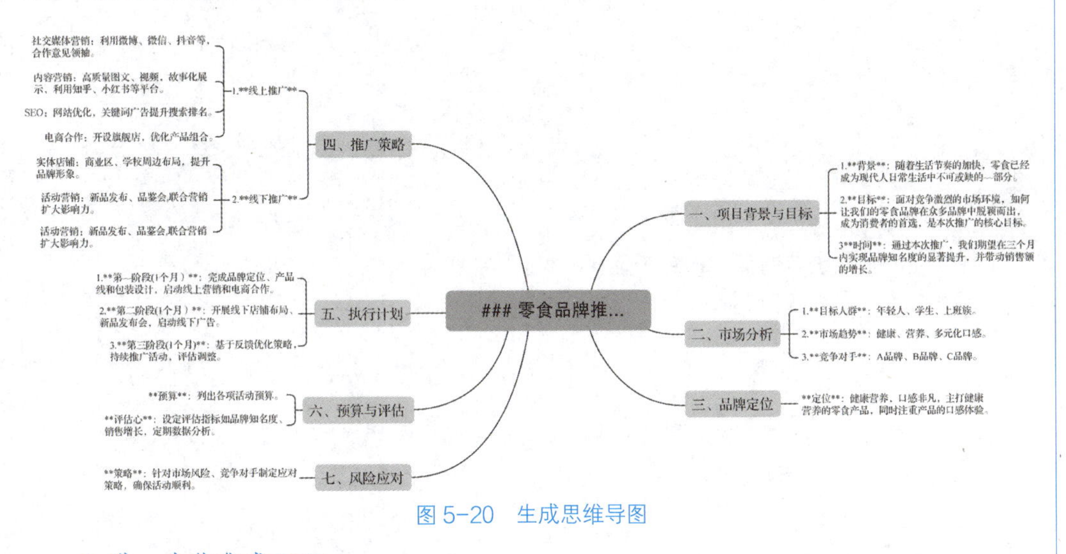

图 5–20　生成思维导图

3. 进一步优化成 PPT

思维导图是具有初步图像化的文档展现形式，如果是需要更形象生动地演示或解说该方案，则需要使用 PPT 格式。以往从文档到形成 PPT 格式需要耗费大量时间进行排版，并且还特别考验编辑者的图形图像设计美感。现在有了 AI 工具，让它快速生成就不是问题。

（1）如图 5–21 所示，我们打开网址：https://www.aippt.cn/，单击“开始智能生成”按钮。

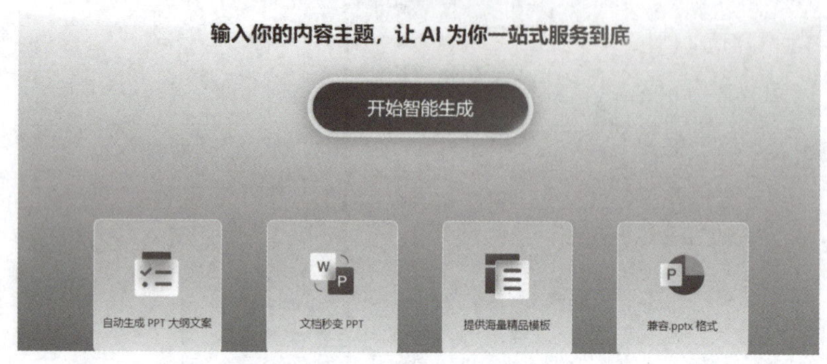

图 5-21　AIPPT 的界面

（2）如图 5-22 所示，选择“导入本地大纲”按钮。

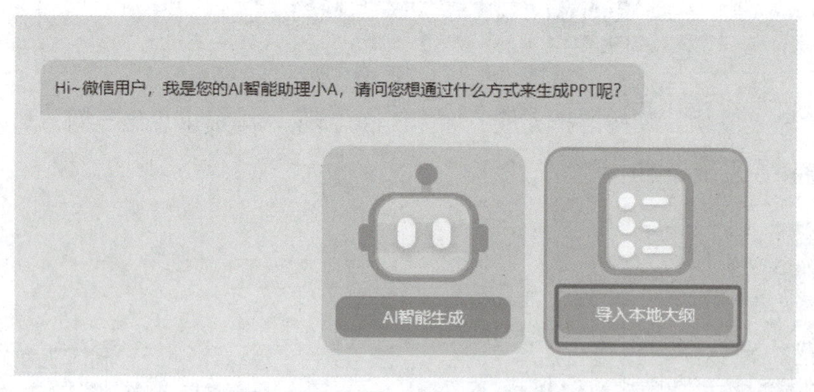

图 5-22　选择“导入本地大纲”

（3）如图 5-23 所示，选择“markdown”格式导入。

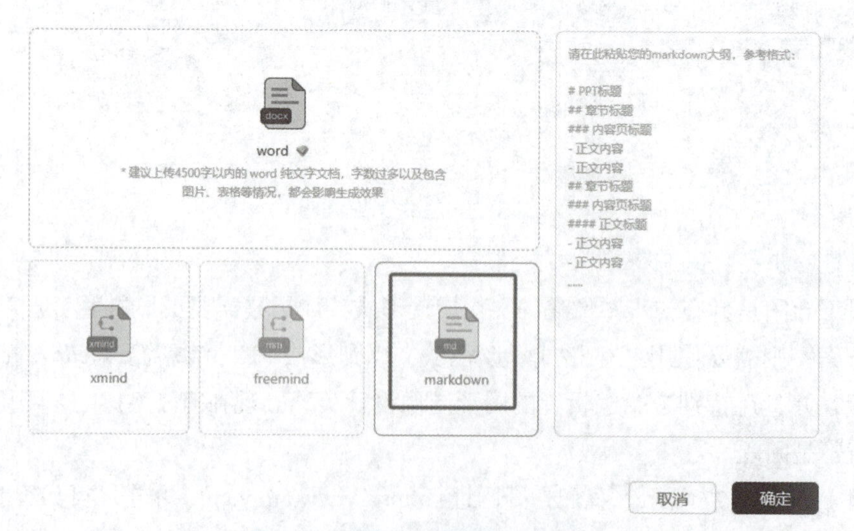

图 5-23　选择 md 文档导入 AIPPT

课堂笔记

（4）等待 AI 工具读取信息概要，如果需要调整则可直接单击文本进行编辑。编辑之后，单击“挑选 PPT 模板”按钮，如图 5–24 所示。

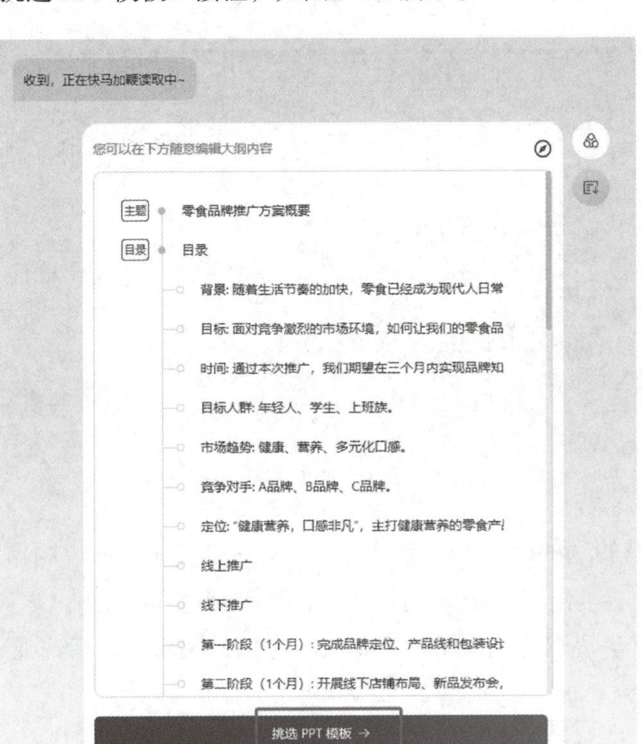

图 5–24　挑选 PPT 模板

（5）如图 5–25 所示，在挑选模板时，可以先根据需求选择主题颜色偏好，这样可以快速得到想要的风格模板。选中想要的模板，单击“生成 PPT”按钮。

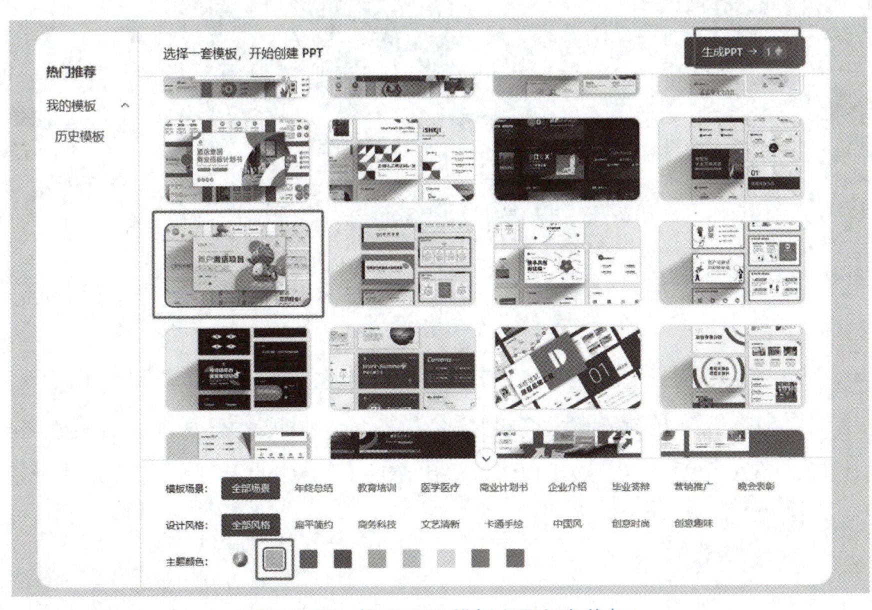

图 5–25　挑选 PPT 模板主题颜色偏好

课堂笔记

（6）如图 5-26 所示，AI 工具在自动对文档进行编辑，通过查看上方进度条，可以看到进行的速度。速度之快，完全超越任何有经验的人。

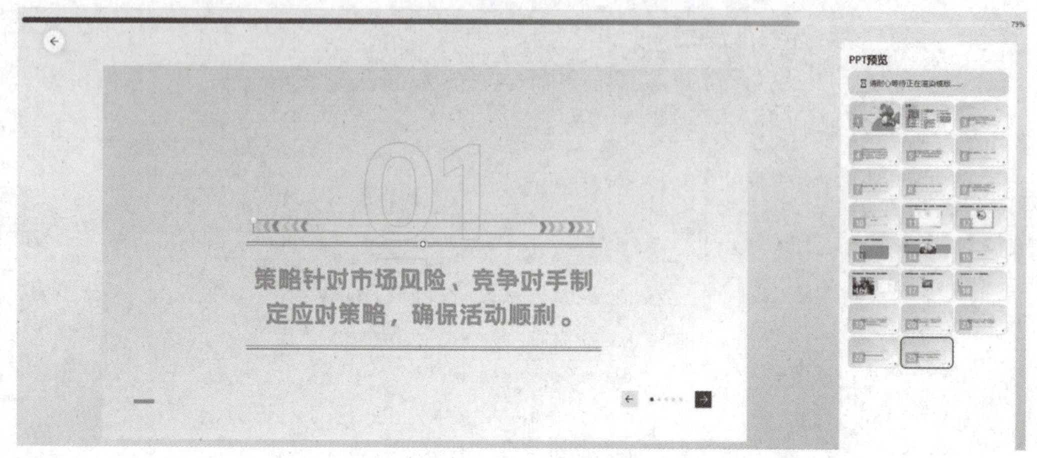

图 5-26　快速生成 PPT

（7）AI 工具的这些模板本身也具备较好的设计美感，所以制作完成后，排版上大部分没有问题。单击“去编辑”按钮，我们需要调整的主要是文字内容、引用一些数据、搭配一些解说图片。编辑过程是实时存储，编辑完之后选择下载，如图 5-27 所示。

图 5-27　编辑或下载 PPT

提示：这些 AI 工具，对于新注册用户都有免费的积分可以去制作 PPT，我们可以先试用，再根据实际情况选择是否购买会员服务。目前还有其他 PPT 制作的 AIGC 工具，比如比格 AI PPT、美图 AI PPT、秒出 AI PPT、Chat PPT、腾讯文档智能助手、讯飞智文、轻竹办公等。

课堂笔记

【任务实施】

制作品牌推广方案思维导图及 PPT。

（1）设计问题，生成方案文字稿。

（2）进一步优化成思维导图。

（3）进一步优化成 PPT。

【任务思考】

还能使用 AI PPT 工具辅助我们完成什么任务？

任务三 利用 AI 生成调查问卷及商业计划书

【案例引入】

茅台基于消费者调研的商业策略转型

茅台，一家以生产酒为主的企业，竟然推出了茅台冰淇淋？这似乎与茅台酒的典型消费群体大相径庭。然而，这背后却隐藏着深谋远虑的战略布局。

课堂笔记

近年来，全国消费品零售总额持续增长，但不少传统知名品牌的销售额却出现下滑。市场份额一度高达 47% 的宝洁公司，如今份额已跌至 35% 以下；老干妈公司去年营收减少 12 亿，回到 2015 年前水平。原因在于消费主力军已经更迭，80 后和 90 后成为消费主力，特别是 90 后占消费总额近一半。而茅台虽在白酒市场地位稳固，但在年轻人市场一直未能取得突破。

然道是价格太贵？茅台曾尝试推出中低端产品如金王子和赖茅，价格约 300 元，但仍未撬动年轻人市场。显然，价格不是阻碍，因为在奢侈品消费市场中 90 后也占据了半壁江山。经过消费者调查，发现是产品风格不够年轻化。于是，茅台进军年轻人热衷的冰淇淋市场，推出水果味、酸奶味、抹茶味等多种口味。独特的酱香味冰淇淋成为茅台的标签，即使其他品牌模仿，也只是为茅台酒培育市场。

这一商业策略取得了巨大成功。茅台冰淇淋一经上市即成为网红爆款，打破年轻人对茅台的刻板印象，曝光人次高达 4 亿多。去年 7 个月销售额近千万杯，营收 2.62 亿元，抢占了高端冰淇淋市场 1/10 的份额。同时，茅台官方购物 APP i 茅台注册用户超 3000 万，且年龄结构年轻化。今年茅台更是增设各大电商平台官方旗舰店，迎合年轻人消费习惯。

茅台冰淇淋的出现展示了巧妙的商业战略布局，不仅拓宽产品线，更在前端植入消费理念，培育潜在消费群体。当其他白酒品牌仍在现有市场竞争时，茅台已通过冰淇淋这个商业计划，进军更前端阵地。

【知识学习】

一、企业发展，始于商业计划

做好企业的商业计划是确保企业成功和持续发展的关键。如何更科学有效地制订商业计划，需要综合考虑以下因素。

（1）明确企业目标：首先，明确企业的长期和短期目标。这些目标应该具有可衡量性、可达成性和明确的时间表。

（2）市场分析：深入了解目标市场，包括潜在客户、竞争对手和行业趋势。收集有关市场规模、增长率和潜在机会的数据。

（3）确定产品或服务：明确要提供的产品或服务，并描述其特点、优势和如何满足客户需求。

（4）制定营销策略：确定如何吸引和留住客户，包括定价策略、推广活动和销售渠道。确保营销策略与目标客户群体相匹配。

（5）制订运营计划：描述企业的日常运营，包括生产、供应链管理、人力资源和设施需求。确保运营计划支持业务目标。

（6）财务规划：预测企业的收入和支出，制定预算和现金流预测。确定所需的资

金来源，并考虑潜在的财务风险。

（7）风险评估与管理：识别可能威胁企业成功的风险，如市场风险、竞争风险、技术风险等。制定应对策略以减轻这些风险的影响。

（8）制定执行时间表：为商业计划制定明确的时间表，包括关键里程碑和阶段性目标。

（9）持续改进与调整：商业计划是一个动态文档，需要随着市场变化和企业发展进行调整。定期评估计划的执行情况，并根据需要进行调整。

（10）寻求专业意见：在制订商业计划的过程中，寻求专业人士（如顾问、律师、会计师等）的意见和建议，以确保计划全面、合理且合法。

二、市场调查与分析在商业计划中的重要性

（1）市场数据是决策依据：市场调查与分析为企业的决策提供了依据。企业需要根据市场需求、竞争状况、消费者偏好等因素来制定产品或服务策略、定价策略、营销策略等。没有充分的市场调查与分析，企业的决策可能会偏离实际情况，导致资源浪费、市场效果不佳等问题。

（2）有了市场分析可以降低风险：市场调查与分析有助于企业降低市场风险。通过对市场的深入了解，企业可以发现潜在的市场机会和威胁，从而提前做好准备，避免或减少不利因素对企业的影响。同时，市场分析还可以帮助企业评估自身实力和市场竞争力，避免盲目进入市场。

（3）优化资源配置：市场调查与分析可以帮助企业优化资源配置。企业需要根据市场需求和竞争状况来配置资源，包括人力、物力、财力等。通过对市场的分析，企业可以更加合理地分配资源，提高资源利用效率，实现企业的可持续发展。

（4）提高竞争力：市场调查与分析有助于企业提高竞争力。通过对市场的深入了解，企业可以发现自身的优势和不足，从而有针对性地改进产品或服务，提高产品质量和用户体验。同时，市场分析还可以帮助企业了解竞争对手的情况，从而制定更加有效的竞争策略。

三、制订一个靠谱的消费市场调查方案

制订一个消费市场调查方案需要考虑多个要点，以确保调查的有效性和准确性。

（1）明确调查目的：确定调查的主要目标，如了解消费者需求、评估市场潜力、分析竞争态势等。设定具体的调查问题和假设。

（2）确定调查范围：界定目标市场或消费群体，如年龄段、性别、地理位置、收入水平等。确定调查的产品或服务类别。

（3）选择调查方法：根据调查目的和资源选择合适的调查方法组合。

定量调查（问卷调查、在线调查、电话访问等）

课堂笔记

定性调查（深度访谈、焦点小组、观察法等）

（4）设计调查问卷或访谈大纲：确保问卷或大纲内容简洁明了，易于理解。包含开放式和封闭式问题，以收集不同类型的信息。设计适当的量表或评分机制，以量化消费者的态度、偏好等。

（5）确定样本规模和抽样方法：根据调查目的和预算确定样本大小。选择合适的抽样方法，如随机抽样、分层抽样、集群抽样等。

（6）制订数据收集计划：确定数据收集的时间表，包括开始和结束的日期。安排调查的执行人员、资源和设备。确定数据收集和存储的方式，如电子方式或纸质方式。

（7）实施调查：培训调查执行人员，确保他们了解调查目的和流程。进行实地调查或访谈，确保数据收集的准确性和完整性。监控调查进度，及时调整计划以应对意外情况。

（8）数据处理和分析：清理和整理收集到的数据，排除无效和异常数据。使用统计软件或分析工具对数据进行描述性分析和推断性分析。根据分析结果得出结论和建议。

（9）撰写调查报告：将分析结果以简洁明了的方式呈现出来。提供图表、图形和表格等可视化工具，帮助读者更好地理解数据。撰写结论和建议部分，为企业的决策提供支持。

（10）评估调查效果：分析调查过程中可能存在的问题和不足之处。根据反馈和结果，优化和改进未来的市场调查方案。

通过遵循以上要点，可以制订一个全面、有效且可靠的消费市场调查方案，从而为企业的商业计划提供有力支持。

【素养园地】

浙江德清“鱼菜共生”数字化工厂①

在浙江的新农村，人工智能技术被用于提高农业生产的效率和质量。例如，通过智能传感器和数据分析，农民能够更准确地监测土壤、气候和作物生长状况，从而进行更科学的种植管理。

在德清县的鱼菜共生数字化工厂的蔬菜大棚里，工人们利用高科技现代化复合生产方式，进行番茄的种植和管理。通过采用智能“数字鱼”等水下智能机器人进行日常检查和管理，提高了农场的运营效率和管理水平。

工厂负责人刘超 2015 年开始接触“鱼菜共生”模式，该模式融合了种植、养殖、

① 内容来源：根据浙江在线“德清‘鱼菜共生’数字化工厂 实现养鱼不换水 种菜不施肥”一文整理 https://zjnews.zjol.com.cn/202204/t20220403_24032313_ext.shtml。

课堂笔记

微生物、大健康、物联网、大数据等技术。他跑遍全国各地的“鱼菜共生”项目，经过研究和实践，终于在第 3 年获得成功，并开始销售经过 75 项安全检测的宝石斑鱼。“我们的‘鱼菜’很生态、很洁净，可以直接做沙拉……”刘超把通过“鱼菜共生”系统生长出来的蔬菜，亲昵地称作“鱼菜”。在德清县百源康“鱼菜共生”数字化工厂里，鱼在水池里畅游，菜在池边生长，真正实现了“种菜不施肥，养鱼不换水”。“鱼菜共生”就是将“工厂化养殖”与“无土栽培”相结合，水里养鱼，养鱼的水再输送到多层立体浮床上种植蔬菜，形成鱼菜共生的氮磷养分循环体系。“鱼菜共生”植物工厂还通过环境监测、肥水一体化、智能气象监测等数字信息技术，实现精细化生产管理。

【任务实训】

利用 AI 生成调查问卷及商业计划书。

【任务描述】

任务背景：有一家传统肉制品零食制作工厂，以往都是线下企业订单生产模式，随着网购的普及，线下订单逐渐萎缩，所以这家工厂计划开启在线销售即电商模式。运营经理给出的建议是，由于传统加工厂模式与互联网零售模式不同，先做好新的市场调查，再做商业计划，这样更有方向。本任务综合使用文本型、问卷制作型 AI 工具，辅助我们做好市场调查问卷，并根据数据结论撰写商业计划书。

【任务分析】

商业运作中，当我们想开启一个新的赛道计划，需要市场数据支撑。所以我们先设计调查问卷，收集到数据后将市场反馈与企业未来发展结合在一起，统一编写商业计划书。

【任务指导】

1. 设计调查问卷

（1）以往制作调查问卷需要搜集大量的资料后，逐一编写，再导入在线问卷平台，比较耗时，现在有 AI 工具辅助，可以大大提高效率，但是需要注意的是对问卷内容描述得越充分，才能更快获得满意的回复。提问复杂内容时，需注意描述的语序与逻辑性。比如问文心一言：设计一篇关于网购食品的消费者偏好及关注点与消费者习惯调查。题目数量：20 题。调研目的：此次调查旨在了解消费者对网购零食的喜好和关注点，以便我们更好地改进产品，以适应电商平台销售，提升消费体验，需要调查消费者性别、年龄、地域。

（2）如图 5-28 所示，看到文心一言给我们的回复内容的质量是非常高的。如果我们需要把问卷导入在线问卷平台（比如问卷星之类的平台），平台对格式有要求，如图 5-29 所示。

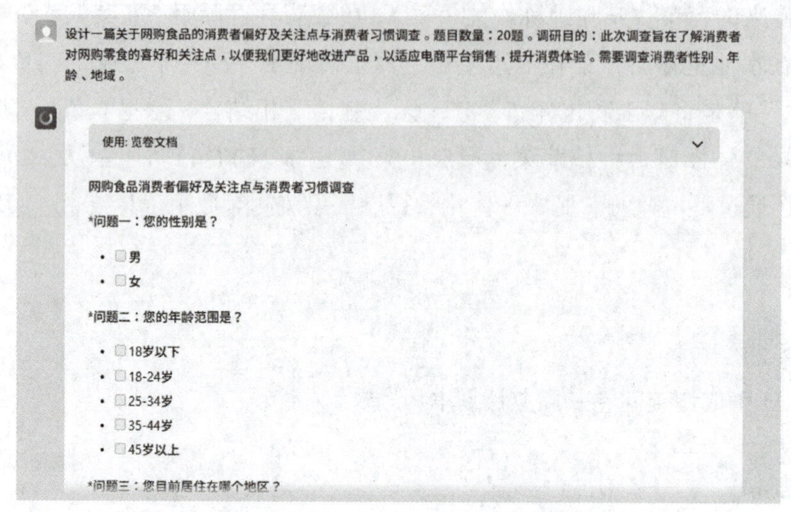

图 5-28　让文心一言生成问卷内容

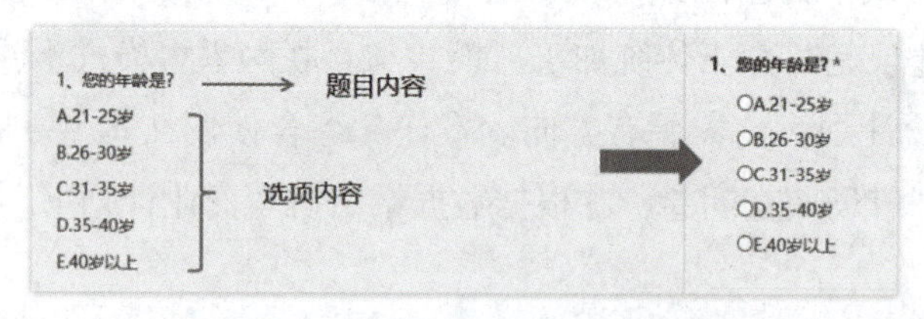

图 5-29　问卷星的题目格式

（3）如果格式不对，则会出现识别错误，如图 5-30 所示。

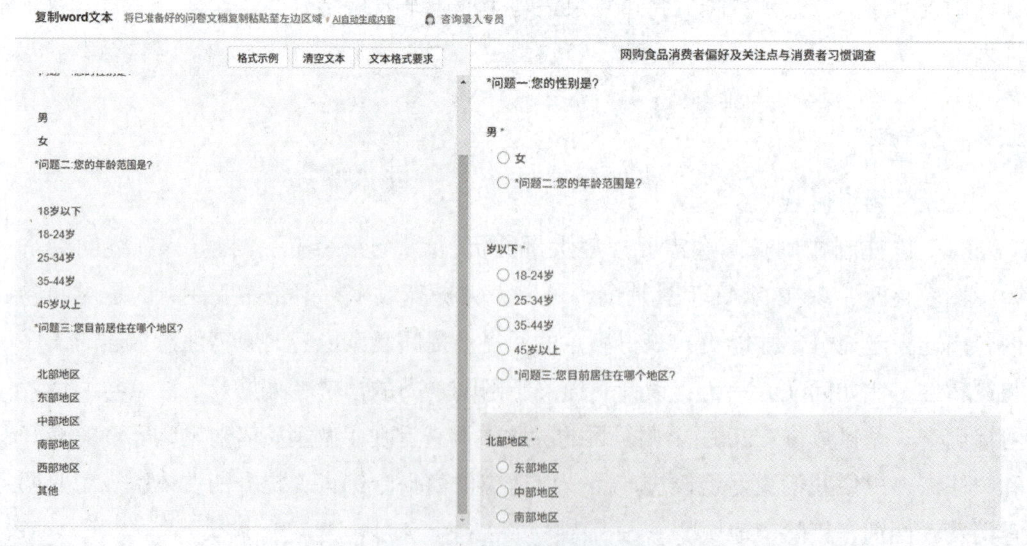

图 5-30　核对导入题目格式

课堂笔记

（4）如图 5-31 所示，我们让文心一言进行格式调整：请将上述调研问卷，以新的格式排版。每个问题请用阿拉伯数字 123 加上项目点形式，如：1. 问题一。选择题的选项请用大写字母 ABCDEF 加上项目点形式，如：A. 男。论述题在冒号之后加上下划线，如：电话号码：________________。

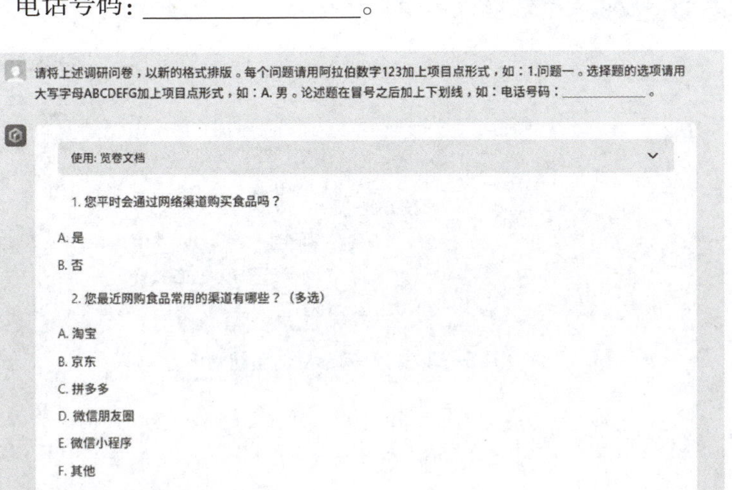

图 5-31　让文心一言输出指定的问卷格式

（5）可以看到文心一言明白了我们的意思，输出质量很高。为使我们描述得够准确，要善于应用“比如：”，每个要求之间使用句号“。”可以让逻辑更加清晰。我们将文字全部复制，粘贴到空白 Word 文档中，如图 5-32 所示。

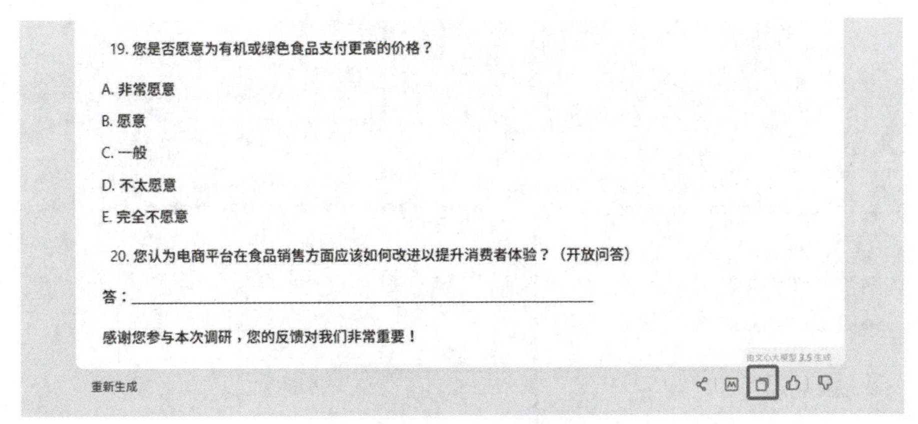

图 5-32　复制问卷内容

（6）如图 5-33 所示，打开问卷星 https://www.wjx.cn/。单击“创建问卷”按钮。

（7）单击“文本导入”按钮，把刚才的问卷导入，如图 5-34 所示。

（8）从刚才的 Word 里面按键盘 Ctrl+A（全选），接着（Ctrl+V 粘贴），粘贴在左边框，则右边自动识别生成问卷格式，如图 5-35 所示。

课堂笔记

图 5-33　打开问卷星创建问卷

图 5-34　将内容导入问卷星

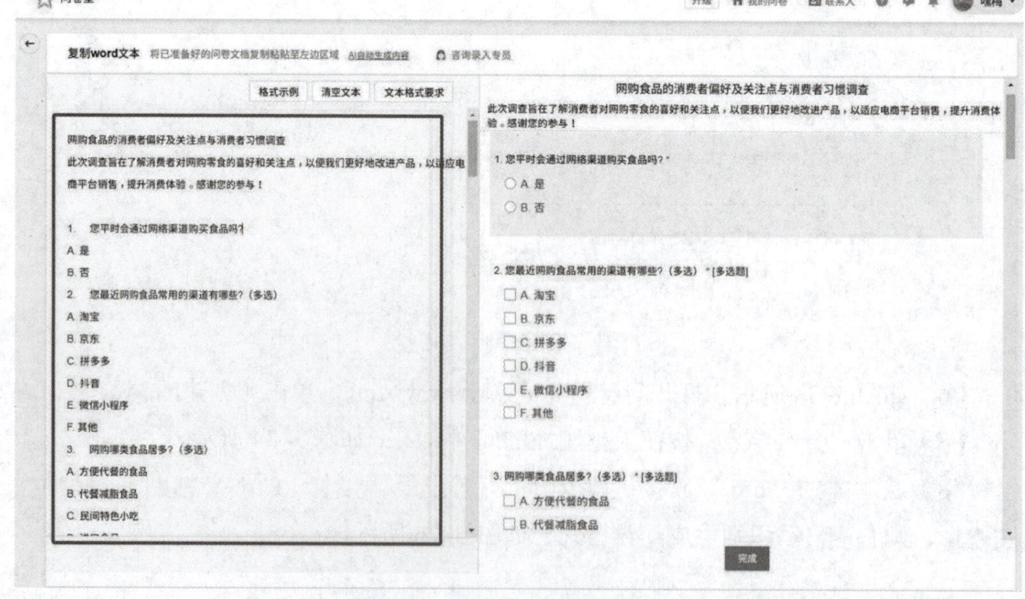

图 5-35　自动识别生成问卷格式

课堂笔记

（9）提示：①从文心一言里复制出文字时，要用对话框右下角的复制按钮，如果是直接选择对话框里的文字复制，则粘贴到 Word 里面时会丢失题目序号。②问卷星里面也有【AI 创作题目】选项，不过从目前测试来看，还不能理解我们对于问卷的细节提问，如我们需要调查的消费者性别、年龄、地域这些相关问题并没有出现，还有待完善，如图 5-36 所示。因此我们选择文心一言来制作问卷内容。

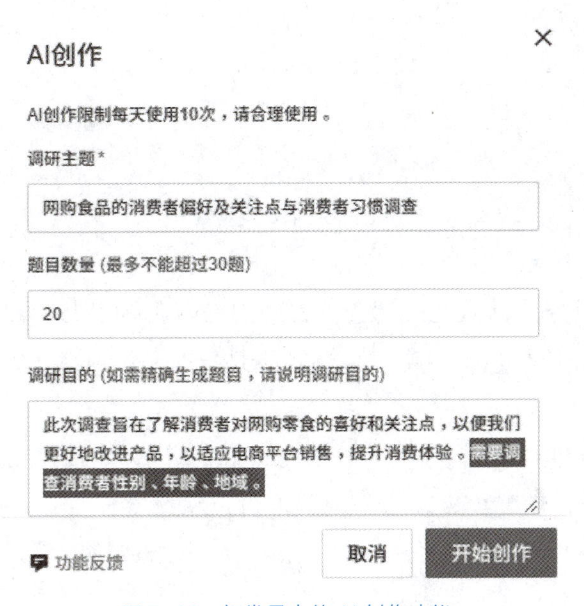

图 5-36　问卷星中的 AI 创作功能

（10）如图 5-37 所示，依次单击“完成”→“完成编辑”，并单击“发布此问卷”按钮，将问卷发送给被调查者填写，等待数据收集。

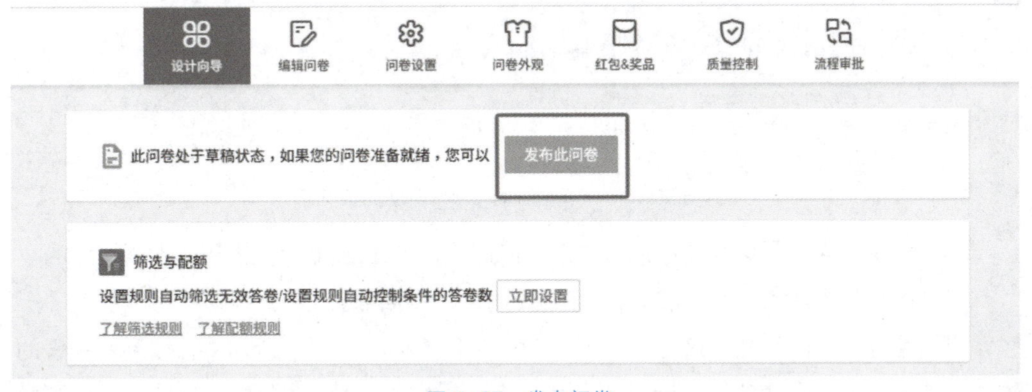

图 5-37　发布问卷

（11）如图 5-38 所示，经过一段时间收集到数据之后，单击“统计 & 分析”进行问卷查看，下载时可选择文档格式为“.docx”“A4”。

图 5-38　收集问卷数据

2. 撰写商业计划书

（1）下一步任务是针对此次调查报告来撰写商业计划书。有了数据的支撑，AI 工具写的商业计划书将不再空洞，那么 AI 工具是如何识别与调用数据的？我们需要使用“附件”。

（2）如图 5-39 所示，我们将下载的调查报告文档“网购食品调查—默认报告”上传到文心一言对话框中，它会自动对文档解析一遍。

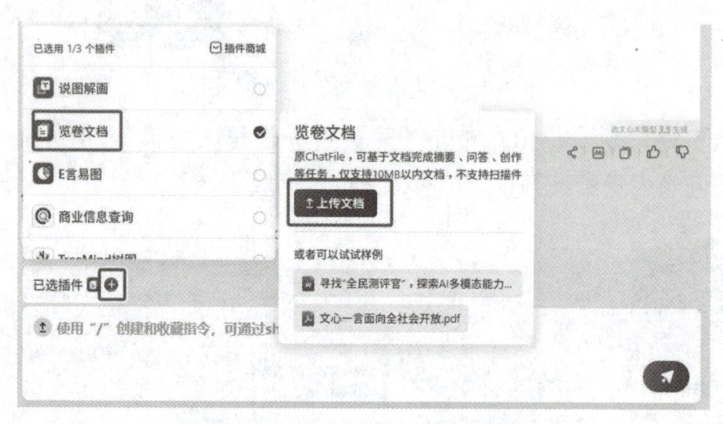

图 5-39　让文心一言阅读问卷的数据

（3）如图 5-40 所示，可以看出文心一言对文档中的数据概况能力还是相当清晰的。

将文档作为参考铺垫，让文心一言帮我们写一个商业计划书，可以这么提问：“感谢你阅读理解了这个文档，这是一个网购食品调查数据的文档，请你结合该调查报告的数据，为一个肉制品零食厂家计划开启电商销售，做出市场定位与产品定位，请编写成一份肉制品零食品牌的天猫旗舰店商业计划书，字数 2000 左右”。如图 5-41 所示，文心一言在有数据文档铺垫的商业计划书撰写中，体现出对数据解读且编写到文档中的能力。这为我们撰写商业计划书提供了很大的便利。当然，实际商业应用中，还需要继续对此计划书进行针对性的优化。有了 AIGC 工具，让我们办公变得轻松且思路清晰。

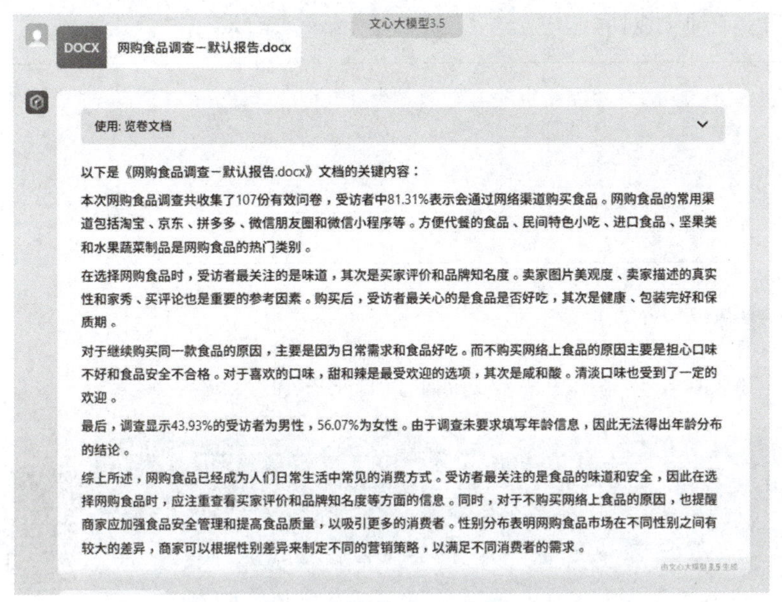
文心大模型3.5

DOCX 网购食品调查－默认报告.docx

使用：览卷文档

以下是《网购食品调查－默认报告.docx》文档的关键内容：

本次网购食品调查共收集了107份有效问卷，受访者中81.31%表示会通过网络渠道购买食品。网购食品的常用渠道包括淘宝、京东、拼多多、微信朋友圈和微信小程序等。方便代餐的食品、民间特色小吃、进口食品、坚果类和水果蔬菜制品是网购食品的热门类别。

在选择网购食品时，受访者最关注的是味道，其次是买家评价和品牌知名度。卖家图片美观度、卖家描述的真实性和家秀、买评论也是重要的参考因素。购买后，受访者最关心的是食品是否好吃，其次是健康、包装完好和保质期。

对于继续购买同一款食品的原因，主要是因为日常需求和食品好吃。而不购买网络上食品的原因主要是担心口味不好和食品安全不合格。对于喜欢的口味，甜和辣是最受欢迎的选项，其次是咸和酸。清淡口味也受到了一定的欢迎。

最后，调查显示43.93%的受访者为男性，56.07%为女性。由于调查未要求填写年龄信息，因此无法得出年龄分布的结论。

综上所述，网购食品已经成为人们日常生活中常见的消费方式。受访者最关注的是食品的味道和安全，因此在选择网购食品时，应注重查看买家评价和品牌知名度等方面的信息。同时，对于不购买网络上食品的原因，也提醒商家应加强食品安全管理和提高食品质量，以吸引更多的消费者。性别分布表明网购食品市场在不同性别之间有较大的差异，商家可以根据性别差异来制定不同的营销策略，以满足不同消费者的需求。

由文心大模型3.5生成

图 5-40　文心一言输出问卷的分析

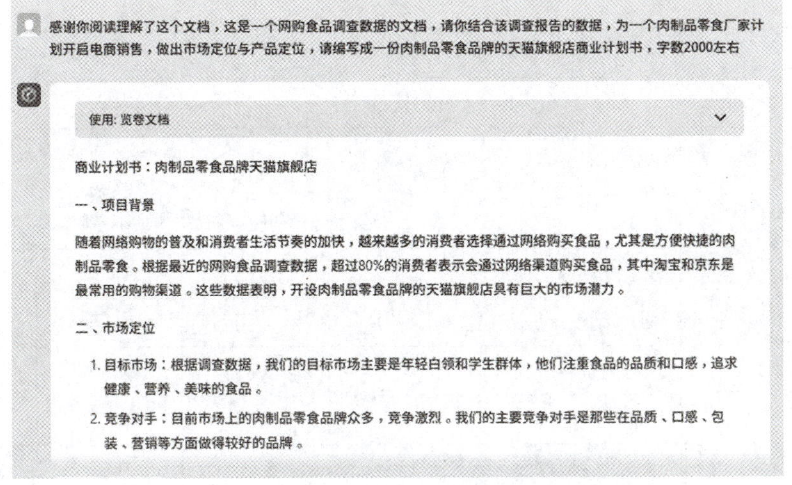
感谢你阅读理解了这个文档，这是一个网购食品调查数据的文档，请你结合该调查报告的数据，为一个肉制品零食厂家计划开启电商销售，做出市场定位与产品定位，请编写成一份肉制品零食品牌的天猫旗舰店商业计划书，字数2000左右

使用：览卷文档

商业计划书：肉制品零食品牌天猫旗舰店

一、项目背景

随着网络购物的普及和消费者生活节奏的加快，越来越多的消费者选择通过网络购买食品，尤其是方便快捷的肉制品零食。根据最近的网购食品调查数据，超过80%的消费者表示会通过网络渠道购买食品，其中淘宝和京东是最常用的购物渠道。这些数据表明，开设肉制品零食品牌的天猫旗舰店具有巨大的市场潜力。

二、市场定位

1. 目标市场：根据调查数据，我们的目标市场主要是年轻白领和学生群体，他们注重食品的品质和口感，追求健康、营养、美味的食品。
2. 竞争对手：目前市场上的肉制品零食品牌众多，竞争激烈。我们的主要竞争对手是那些在品质、口感、包装、营销等方面做得较好的品牌。

图 5-41　让文心一言基于问卷数据生成商业计划书

【任务实施】

××公司××产品商业计划书。

（1）设计调查问卷。

（2）撰写商业计划书。

【任务思考】

如何让 AIGC 工具写出更专业的商业计划书？

扫描二维码，查看“实用的职场办公领域 AIGC 工具及其作用”的更多拓展知识。

【项目完成评价表】

<table>
<tr><td colspan="4">学生自评（40 分）</td><td>得分：</td></tr>
<tr><td colspan="5">计分标准：A：9 分，B：7 分，C：5 分</td></tr>
<tr><td>评价维度</td><td>评价指标</td><td colspan="3">学生自评
要求
（A 掌握；B 基本掌握；C 未掌握）</td></tr>
<tr><td rowspan="4">课堂参与度</td><td>线上互动活动完成度</td><td>A□</td><td>B□</td><td>C□</td></tr>
<tr><td>线下课堂互动参与度</td><td>A□</td><td>B□</td><td>C□</td></tr>
<tr><td>预习与资料查找</td><td>A□</td><td>B□</td><td>C□</td></tr>
<tr><td>探究活动完成度</td><td>A□</td><td>B□</td><td>C□</td></tr>
<tr><td rowspan="3">作业质量</td><td>作业的完成度</td><td>A□</td><td>B□</td><td>C□</td></tr>
<tr><td>作业的准确性</td><td>A□</td><td>B□</td><td>C□</td></tr>
<tr><td>作业的创新性</td><td>A□</td><td>B□</td><td>C□</td></tr>
<tr><td rowspan="3">创作成果创新性</td><td>作品的专业水平</td><td>A□</td><td>B□</td><td>C□</td></tr>
<tr><td>成果的实用性与商业价值</td><td>A□</td><td>B□</td><td>C□</td></tr>
<tr><td>成果的创新性与市场潜力</td><td>A□</td><td>B□</td><td>C□</td></tr>
<tr><td rowspan="3">职业道德思想意识</td><td>爱岗敬业、认真严谨</td><td>A□</td><td>B□</td><td>C□</td></tr>
<tr><td>遵纪守法、遵守职业道德</td><td>A□</td><td>B□</td><td>C□</td></tr>
<tr><td>顾全大局、团结合作</td><td>A□</td><td>B□</td><td>C□</td></tr>
</table>

课堂笔记

续表

教师评价（60分）			得分：
教师评语			
总成绩		教师签字	
注：学生自评部分，学生需根据自身情况填写自测结果，并遵循评价要求。			

项目六

人工智能数字人直播

【知识目标】

（1）了解的 AIGC 工具在直播电商中的优势。

（2）了解数字人生成类型 AIGC 工具。

【技能目标】

（1）掌握利用 AIGC 生成跨境电商产品数字人直播视频。

（2）掌握利用 AIGC 生成数字人直播预告片。

（3）掌握利用 AIGC 数字人助力直播运营。

【素质目标】

（1）培养团队协作能力，能够与不同领域的专业人员紧密合作。

（2）具备高度的责任感，确保数字人口播视频内容的真实性和准确性。

（3）遵守职业道德和行业规范，保护知识产权和用户隐私。

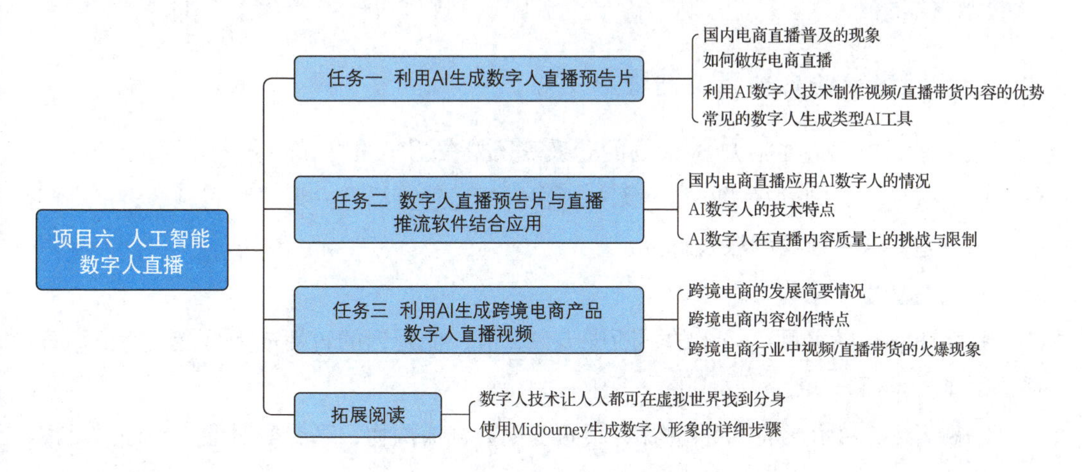

任务一　利用 AI 生成数字人直播预告片

【案例引入】

东方甄选直播带货

东方甄选作为新东方教育集团旗下开设的直播间，经过一段时间的摸索和积累，东方甄选逐渐找到了自己的特色和优势。文案优美、知识带货已经成为董宇辉直播间的标签，也是与其他主播区别开来的核心竞争力。同时，东方甄选也注重与观众的互动和情感共鸣，通过分享生活经历、故事等方式，与观众建立起良好的互动关系。2024 年初董宇辉的新账号“与辉同行”开播后直播间人数就瞬间突破 10 万人，高峰时期冲破 170 万人，位居抖音带货总榜第一名，同时人气也是第一名。

直播电商已经成为电商行业的新业态，其发展速度之快和影响力之广令人瞩目。通过实时互动、主播与观众的沟通交流，能够更好地满足消费者的需求和体验。各大电商平台纷纷推出主播扶持、商家入驻等相关优惠政策，为直播电商的蓬勃发展注入动能。同时，商家们也积极布局直播电商领域，通过直播营销来提高品牌知名度和销售额。

【知识学习】

一、国内电商直播普及的现象

近年来，电商直播在中国市场的普及率不断攀升，几乎成为所有商家必备的营销手段。从一线大牌到街边小店，无一不在尝试通过直播这一形式吸引顾客、推广产品。以下是对这一现象的深入解析。

1. 电商直播普及的背景

技术驱动：随着网络技术的不断进步，高清、低延迟的直播成为可能，为电商直播提供了技术保障。

消费者习惯变化：年轻消费者更倾向于观看直播购物，享受实时互动与即时反馈的购物体验。

疫情影响：疫情期间，线下销售受限，商家纷纷转向线上寻找出路，直播成为重要的销售与宣传渠道。

2. 商家采用直播方式获客的原因

（1）直观展示产品：直播能够直观地展示产品特点、使用效果，帮助消费者更好地了解产品。

（2）增强互动性：直播允许消费者实时提问、评论，商家可以即时回答，增强了消费者与品牌之间的互动性。

（3）营造购物氛围：通过直播，商家可以营造紧张刺激的购物氛围，如限时抢购、优惠券发放等，激发消费者的购买欲望。

（4）打造品牌形象：直播不仅是一种销售方式，也是品牌展示自身特色、文化的重要平台。

（5）降低成本：相对于传统广告，电商直播的成本相对较低，但效果却可能更好。

3. 电商直播普及的影响

（1）重塑消费模式：电商直播改变了传统的消费模式，使消费者能够更直接、更便捷地购买到心仪的产品。

（2）促进商家创新：为了吸引观众，商家需要不断创新直播内容、形式，这推动了整个电商行业的创新与发展。

（3）加剧市场竞争：电商直播的普及使市场竞争更加激烈，商家需要不断提升直播质量、优化服务，以赢得消费者的青睐。

二、如何做好电商直播

直播带货不仅仅是主播在镜头前展示商品那么简单，它背后涉及一系列复杂的工作流程和策略。可以从以下几个方面的工作流程梳理，帮助我们做好直播带货。

1. 前期准备

（1）明确直播目标：例如，某服饰品牌希望通过直播带货提升新款服装的销售额和品牌知名度。

（2）选定直播平台和主播：根据品牌调性，选择如抖音、淘宝直播等适合的平台，并确定与品牌形象相符的主播。

（3）产品策划与准备：确定要直播的商品，准备详细的产品资料、使用说明和展示道具。

2. 内容规划

（1）制定直播流程：如开场互动、产品介绍、优惠活动、互动抽奖等。

（2）准备话术与脚本：确保主播在直播中表达清晰、流畅，同时增加互动性和趣味性。

3. 直播执行

（1）开播前的预热：通过社交媒体、短视频等方式提前宣传，吸引观众关注。

（2）直播中的互动：主播与观众实时互动，回答疑问，展示产品特点，营造购物氛围。

（3）促销活动的实施：如限时折扣、满减、赠品等，刺激观众购买欲望。

4. 后期跟进

（1）数据分析：分析直播观看人数、互动次数、转化率等，评估直播效果。

（2）客户反馈收集：通过调查问卷、评论等方式收集客户对直播和产品的反馈。

（3）总结与优化：根据数据分析和客户反馈，调整直播策略和内容，优化后续直播效果。

综上所述，要做好直播带货，商家需要从前期准备、内容规划、直播执行到后期跟进都做好充分的准备和策略安排。同时，结合具体的案例进行分析和总结，不断优化和创新自己的直播策略和内容，才能在激烈的市场竞争中脱颖而出。

三、利用 AI 数字人技术制作视频 / 直播带货内容的优势

利用 AI 工具，处理与视频 / 直播带货相关的内容，能够大大提高效率。

（1）降低成本：AI 数字人不需要支付薪水、福利等费用，从而可以大大降低企业的运营成本。此外，AI 数字人可以实现 24 小时不间断直播，无须真人销售人员疲劳工作，进一步节省了人力资源成本。

（2）提高效率：AI 数字人视频 / 直播带货可以大大提高效率，覆盖更多的观众群体，提高宣传效果和销售额。数字人的形象和语言可以不断优化和改进，从而更好地适应不同的产品和市场。

（3）增强互动性：AI 数字人视频 / 直播带货可以通过语音识别和自然交互技术与用户进行互动，提供更加个性化、实时化的服务，增强用户参与度和互动性。数字主播还可以根据用户的需求和反馈不断调整直播内容和互动方式，提供更加精准的服务。

（4）扩大品牌影响力：AI 数字人可以根据商家的需要进行定制，包括外观设计、语音模拟、销售策略等方面，从而更好地适应商家的品牌形象和市场需求。通过不断的技术创新和优化，AI 数字人视频 / 直播带货还可以提供更好的用户体验和满意度，增强消费者对品牌的认知和信任度。

（5）推动数字化转型：AI 数字人视频 / 直播带货是数字化转型的重要手段之一。随着技术不断创新和应用，AI 数字人视频 / 直播带货的发展前景将会更加广阔。使用 AI 数字人技术制作视频 / 直播带货可以帮助企业实现数字化转型和营销创新，提高竞争力和盈利能力。

四、常见的数字人生成类型 AI 工具

常见的数字人生成类型 AI 工具如表 6-1 所示。

表 6-1 常见的数字人生成类型 AI 工具

名称	特点	公司
KreadoAI	真人数字人、定制数字人、图片数字人	KreadoAI
剪映	真人数字人、AI 克隆声音	抖音
D-ID	真人数字人、定制数字人、图片数字人	D-ID
硅基智能	真人数字人、定制数字人、定制声音	硅基智能
虚幻引擎	虚拟高保真数字人、定制数字人	Epic Games
DNA-Rendering	真人为本绘制的多样化神经数字人库	DNA-Rendering
D-human	真人数字人、定制数字人、定制声音	深声科技
虚拟人交互平台	虚拟数字人构建、AI 驱动、API 接入、多场景应用	科大讯飞
怪兽 AI 数字人	文字到视频生成、英文版素材	怪兽智能科技
创视元数字人	人像视频、声音合成	腾讯
Wonder studo	自动为 CG 角色制作动画、打光并将其合成到真人场景中	Wonder Dynamics
拓世 AI 数字人	真人数字人、定制数字人	拓世智能

【素养园地】

虚拟数字人的版权探讨

2024 年杭州互联网法院就首例涉“虚拟数字人”侵权案作出一审判决，认定被告杭州某网络公司构成著作权侵权及不正当竞争，判决其承担消除影响并赔偿损失（含维权费用）12 万元的法律责任。

魔珐科技是一家成立于 2018 年的科技公司，其核心业务主要围绕计算机图形学和 AI 技术展开。该公司拥有全栈式端到端虚拟内容智能化制作、虚拟人打造和运营技术，并自研了专业级和消费级的虚拟直播技术，以及三维 AI 虚拟人能力平台，打造了全栈产品矩阵。在此案中，魔珐公司利用多项人工智能技术，包括 AI 表演动画技术、超写实角色智能建模与绑定技术等，成功打造出了超写实虚拟数字人 Ada。随后，魔珐公司通过公开活动以及 Bilibili 平台发布了与 Ada 相关的视频，展示了其应用场景以及动作捕捉画面。

然而，杭州某网络公司随后在抖音平台上发布了被诉侵权视频，这些视频使用了魔珐公司发布的相关内容，并在其中进行了修改和添加，包括替换标识和添加虚拟数字人课程的营销信息。魔珐公司因此提起诉讼，指控杭州某网络公司的行为侵犯了其对于 Ada 形象及相关视频的著作权，以及录像制作者和表演者的信息网络传播权，并构成了不正当竞争。

杭州互联网法院在审理此案时，对虚拟数字人的著作权及邻接权进行了认定。法院认为，虚拟数字人 Ada 的形象以及相关视频属于《著作权法》保护的客体，魔珐公

司对其享有著作权。而杭州某网络公司的行为确实侵犯了魔珐公司的著作权，并构成了不正当竞争。

最终，法院判决杭州某网络公司承担消除影响并赔偿损失（含维权费用）的法律责任。这一判决不仅为虚拟数字人的著作权保护提供了司法实践，也为今后类似案件的审理提供了参考。它进一步明确了在利用人工智能技术创作虚拟数字人时，应尊重并保护相关的著作权和知识产权，避免侵权行为的发生。

【任务实训】

利用 AI 生成数字人直播预告片。

【任务描述】

做好大促直播的预热，对大促直播有非常重要的意义。本任务使用 AI 工具生成数字人，制作成直播预告片，应用在旅游类目的直播中。

【任务分析】

目前的数字人技术还不能完完全全达到像真人一样面对观众的疑问随机应变，直播间的氛围打造方面暂时不能达到，所以我们应该根据目前数字人的情况，策划一个以旅游景点介绍分享为主的直播间，可以作为账号日常的直播补充、引导预约大促直播，可以起到直播预告的作用。围绕旅游类目的需求，先策划直播脚本，再构思制作数字人，最后制作成一个直播预告片，以便后期制作预约型直播。

【任务指导】

1. 选择素材

如图 6–1 所示，打开手机版剪映，单击“开始创作”按钮，在按钮素材库中搜索“稻城亚丁”。考虑受众主要是在手机上观看直播，我们选择素材是“竖屏”，内容选择“视频”，单击“添加”按钮就进入了编辑页面。素材选择多少个画面取决于介绍内容的长度。

2. 编辑视频文案

如图 6–2 所示，单击下方导航条上的“T”文本工具，会弹出文本框。将准备好的文案复制，粘贴至文本框。

3. 添加 AI 数字人

如图 6–3 所示，视频轨道下方出现文字轨道，在选中情况下，当下方菜单中出现“数字人”按钮时单击该按钮，在弹出的数字人选项中选择一个角色，确认提交后，系统将文字自动与数字人合成，形成数字人主播发音，同时匹配上数字人口型。

图 6-1　在手机版剪映中添加素材

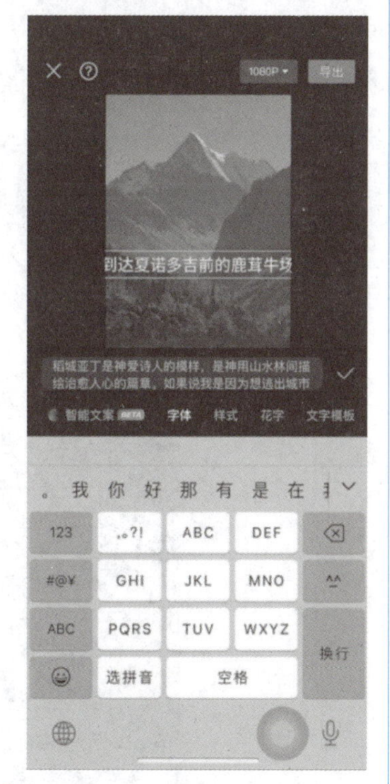

图 6-2　将素材导入并添加文案内容

课堂笔记

图 6-3　将素材导入并为文字添加数字人模型

4. 调整视频

（1）数字人生成好之后，我们调整一下数字人的位置。把之前的字幕删除。有了数字人配音后，单击“关闭原声”按钮将视频画面自带的原声关闭，如图 6-4 所示。

图 6-4　调整视频内容

课堂笔记

（2）关闭原声后，单击“添加音频”按钮，为整个视频选择一个轻松的背景音乐，如图 6–5 所示。

图 6–5 为视频内容添加背景音乐

（3）选中音频轨道，将音量降低，声音不宜过大，不超过主播的声音。预览至片尾，观察一下“数字人”“画面”“音频”3 个轨道是否同时结束，把超出部分的轨道选中，单击“分割”并按 Delete 删除多余的部分，如图 6–6 所示。

图 6–6 调整视频内容的准去性

课堂笔记

（4）片尾之处，需要引导观众关注，预约后续直播间。所以我们先添加一下标题，选择字体的样式，如图 6–7 所示。

图 6–7　为视频内容添加字幕

（5）片尾之处，保持不同轨道同时结束。预览确认视频是否完善，确认之后导出，注意分辨率是否满足要求，如图 6–8 所示。这样一个数字人直播预告片就制作好了。

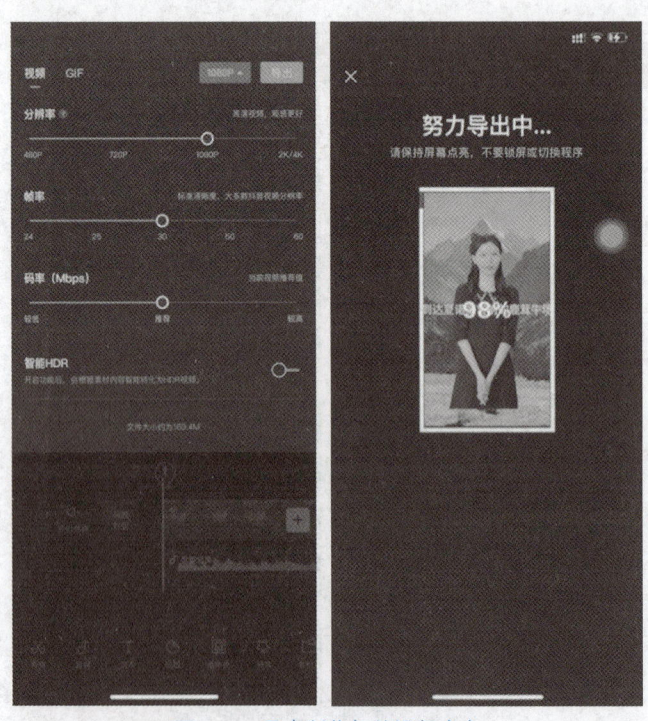

图 6–8　导出制作好的视频内容

课堂笔记

【任务实施】

制作数字人直播预告片。

（1）选择素材。

（2）编辑视频文案。

（3）添加 AI 数字人。

（4）调整视频。

【任务思考】

如何让 AI 制作的视频不会千篇一律？

任务二 数字人直播预告片与直播推流软件结合应用

【案例引入】

遥望科技的直播电商中 AI 数字人战略布局[1]

遥望科技是一家以直播为核心的新兴企业，当前已成为直播电商行业完成抖音、快手、淘宝三平台全域布局的头部企业。遥望科技在直播业务板块以“明星 +IP”两手并行，已建立起拥有百余位明星 + 达人的多平台、多层次主播矩阵，多层次矩阵打法，明星 +IP 双手并行，已建立超过 2.5 万个国内外品牌入驻的供应链体系，覆盖美妆、生活、食品、服饰等全品类。

公司在孪生主播、数字资产库、数字藏品等全新的数字资产相关领域积极布局。在虚拟数字化领域，公司此前在数字虚拟人 IP、数字化场景构建已有丰富储备。公司 2022 年 4 月推出的首款 IP“孔襄”是遥望网络推出的首位虚拟数字人，出道即搭档贾乃亮出演短剧。公司还推出直播电商新玩法——孪生主播技术，通过 AI 深度学习，让每一个 IP 突破时间与 空间的维度，拥有无限扩展的可能，虚拟人直播目前可部分替代店播。2022 年 9 月，遥望科技品牌直播号“遥望未来站”在抖音平台正式开播，以“科技 + 助农 + 国潮”为出发点专为优质农产品、国货品牌而打造，虚拟数字人“卷卷”也首次在“遥望未来站”直播间实现了 AI 换脸虚拟人与真人同屏直播。截至 2023 年 3 月 31 日，遥望已在多平台构建起达人 / 主播 / 艺人矩阵，覆盖粉丝超过 6 亿（不去重），月曝光量超过 40 亿。

【知识学习】

一、国内电商直播应用 AI 数字人的情况

随着技术的不断突破和市场的快速发展，AI 数字人在国内电商直播领域的应用正逐渐成为新趋势。它们不仅为电商行业带来了前所未有的机遇，也正在逐步改变消费者的购物体验。

目前，AI 数字人已经广泛应用于电商直播的各个环节。从最初的简单展示，到现在的实时互动、智能推荐等高级功能，AI 数字人的应用深度和广度都在不断增加。

---

① 内容来源《虚拟数字人行业专题研究：虚拟数字人＋ AI，产业加速度》：https://new.qq.com/rain/a/20230529A01FCF00?no-redirect=1。

课堂笔记

在主要的电商平台，如淘宝、京东、拼多多等，新媒体平台，如抖音、快手、小红书、视频号等都能看到 AI 数字人的身影。它们以虚拟主播的形式出现，与用户进行实时互动，提供产品咨询、推荐等服务。

根据 iMedia Research 艾媒咨询数据，近年来，我国虚拟数字人市场规模呈现加速增长趋势。2022 年虚拟数字人市场规模已达 120.8 亿元，带动周边市场规模为 1 866.1 亿元。当前，随着 ChatGPT、“文心一言”等大语言模型的发布，AI+ 虚拟数字人的发展领域将进一步拓宽。如图 6–9 所示，艾媒咨询预计到 2025 年，核心市场规模将达到 480.6 亿元，带动周边市场规模近 6 402.7 亿元。我国虚拟数字人市场规模天花板高、潜在空间大。

图 6–9　虚拟人核心市场规模[①]

二、AI 数字人的技术特点

随着 AI 数字人技术的不断成熟，用户对其的接受度也在逐渐提高。根据调查数据，超过 60% 的消费者表示愿意与 AI 数字人进行互动，并认为其能够提供与真实主播相似的购物体验。这一数据表明，AI 数字人正逐渐成为消费者喜爱的购物伙伴。AI 数字人的技术特点主要体现在以下几个方面：

（1）高度逼真：通过先进的图像渲染和语音合成技术，AI 数字人能够呈现出非常逼真的形象和声音，使消费者感觉像是与真实主播在互动。

（2）智能交互：AI 数字人具备强大的自然语言处理能力，能够实时理解用户的意图和需求，并给出相应的回应。同时，它们还能根据用户的购物习惯和偏好，进行智能推荐。

① 图片引用自《虚拟数字人行业专题研究：虚拟数字人＋AI，产业加速度》：https://new.qq.com/rain/a/20230529A01FCF00?no-redirect=1。

（3）高效便捷：AI 数字人能够 24 小时不间断地进行直播，不受时间和地点的限制。这不仅能提高商家的销售效率，也能为消费者提供更加便捷的购物体验。

三、AI 数字人在直播内容质量上的挑战与限制

AI 数字人已经在电商直播领域展现出其强大的潜力和效率提升。然而，尽管 AI 数字人的引入为电商直播带来了诸多便利和创新，但在直播内容质量方面，仍面临着一些挑战和限制。

1. 挑战

（1）内容原创性与深度：AI 数字人虽然可以通过机器学习和自然语言处理技术模拟人类的语言和行为，但在内容的原创性和深度方面仍难以达到人类主播的水平。目前的 AI 数字人更多地依赖预设的脚本和算法生成的内容，缺乏独立思考和即兴发挥的能力。

（2）情感表达的局限性：直播不仅仅是信息的传递，更是情感的交流。AI 数字人在情感表达上仍然存在局限性，无法像人类主播那样真实、自然地传递情感和共鸣。这在一定程度上影响了观众与 AI 数字人之间的连接和信任度。

（3）技术依赖与稳定性问题：AI 数字人的运行高度依赖先进的技术和设备支持。一旦技术出现故障或不稳定，AI 数字人的表现也会受到严重影响。这不仅会影响直播的顺利进行，还可能对品牌形象造成负面影响。

（4）法律法规与伦理问题：随着 AI 数字人在直播中的应用越来越广泛，相关的法律法规和伦理问题也逐渐浮出水面。例如，AI 数字人是否应该享有与真实主播相同的权益和责任？其生成的内容是否应该受到版权保护？这些问题都需要在实践中不断探索和解决。

2. 限制

（1）技术成熟度：尽管 AI 技术在近年来取得了显著进展，但在某些方面仍不够成熟。例如，在语音合成和图像渲染方面，AI 数字人可能还无法达到与人类主播完全一样的逼真程度。这在一定程度上限制了 AI 数字人在直播中的应用范围和效果。因其技术难度带来的开发成本高，也让很多商家对 AI 数字人望而止步。

（2）用户接受度：尽管 AI 数字人在电商直播中的应用越来越广泛，但仍有部分用户对其持保留态度。一些用户可能认为与 AI 数字人互动缺乏真实感和人情味，从而影响了他们对直播内容的接受度和参与度。

（3）内容策划与审核难度：与真实主播相比，AI 数字人的内容策划和审核难度更大。由于 AI 数字人的生成内容具有不确定性和不可预测性，因此需要更加严格和细致的内容策划和审核机制来确保其内容的合规性和质量。

（4）个性化与差异化挑战：在电商直播领域，个性化和差异化是吸引观众的重要因素之一。然而，由于 AI 数字人的生成内容主要依赖算法和数据，因此在实现个性

课堂笔记

化和差异化方面存在一定的挑战。如何打破算法的限制，创造出更具个性和差异化的直播内容，是AI数字人在电商直播领域需要面对的重要问题。

（5）商业政策与广告限制：由于AI数字人是数字化形象，其行为和言语难以完全监控。一些平台对AI数字人直播的商业政策和广告行为进行限制，以避免其违反平台的商业规定或进行不当的广告宣传。因此在大部分电商平台上使用AI数字人直播只能起到补充的作用。

展望未来，随着AI技术的不断发展和创新，相信AI数字人在直播内容质量上的挑战和限制将逐渐得到克服。随着更多的创新应用和实践经验的积累，AI数字人有望在电商直播领域发挥更加重要的作用，为观众带来更加优质、个性化的直播体验。同时，也需要行业内的各方共同努力，推动AI数字人技术的健康发展，为电商直播行业的繁荣做出更大的贡献。

【任务实训】

数字人直播预告片与直播推流软件结合应用。

【任务描述】

使用数字人直播可以降低用人成本，还可以为大促直播做好流量积累。本任务使用数字人直播预告片，结合推流软件做直播，围绕旅游类目的需求，在大促直播来临之前，长时间地开播引导预约大促直播间。

【任务分析】

用制作好的数字人直播预告片，结合OBS直播伴侣进行直播，引导预约大促直播间。目前的数字人还不能直接回复观众的疑问，所以在直播中还应准备好直播间素材/文字说明。

【任务指导】

1. 设置直播伴侣OBS Studio

（1）打开直播伴侣OBS Studio，单击“设置”按钮，如图6-10所示。

（2）单击设置中的“输出”按钮，将“输出模式”设置为高级，“串流”的设置如图6-11所示。

（3）单击左侧“视频”按钮，调整分辨率为1920×1080，帧率为30，设置好后单击“应用”按钮，如图6-12所示。

（4）如图6-13所示，设置直播素材。单击“+”按钮添加媒体源。

（5）如图6-14所示，添加本地文件，选择“循环”选项。

课堂笔记

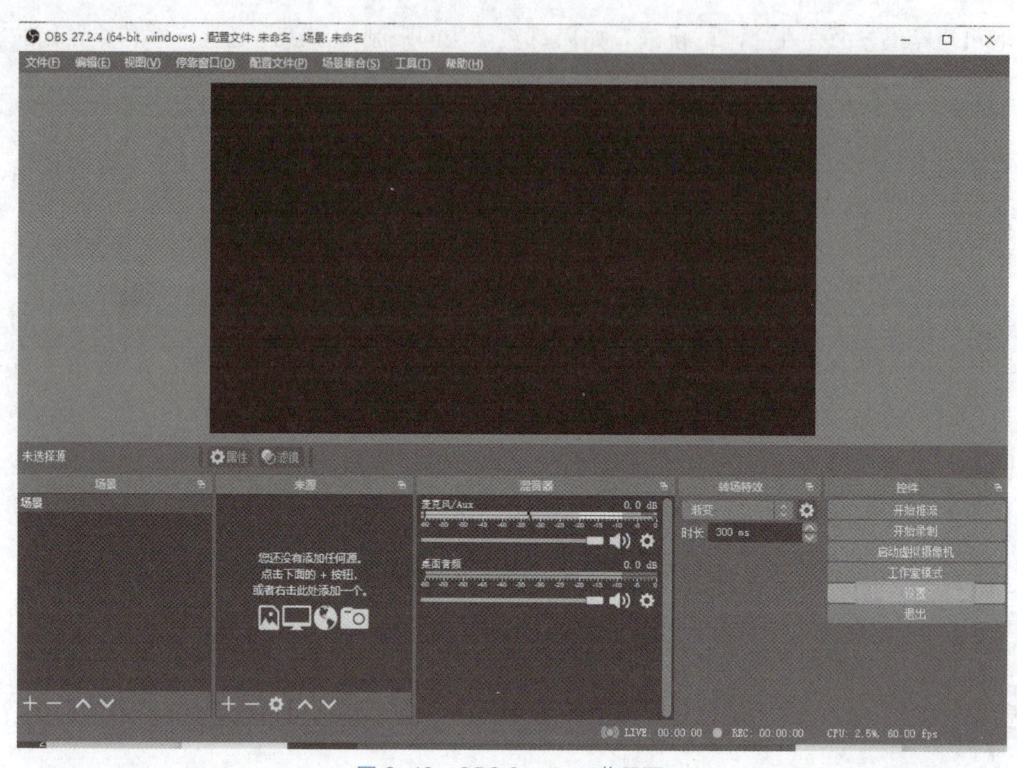

图 6-10　OBS Studio 工作界面

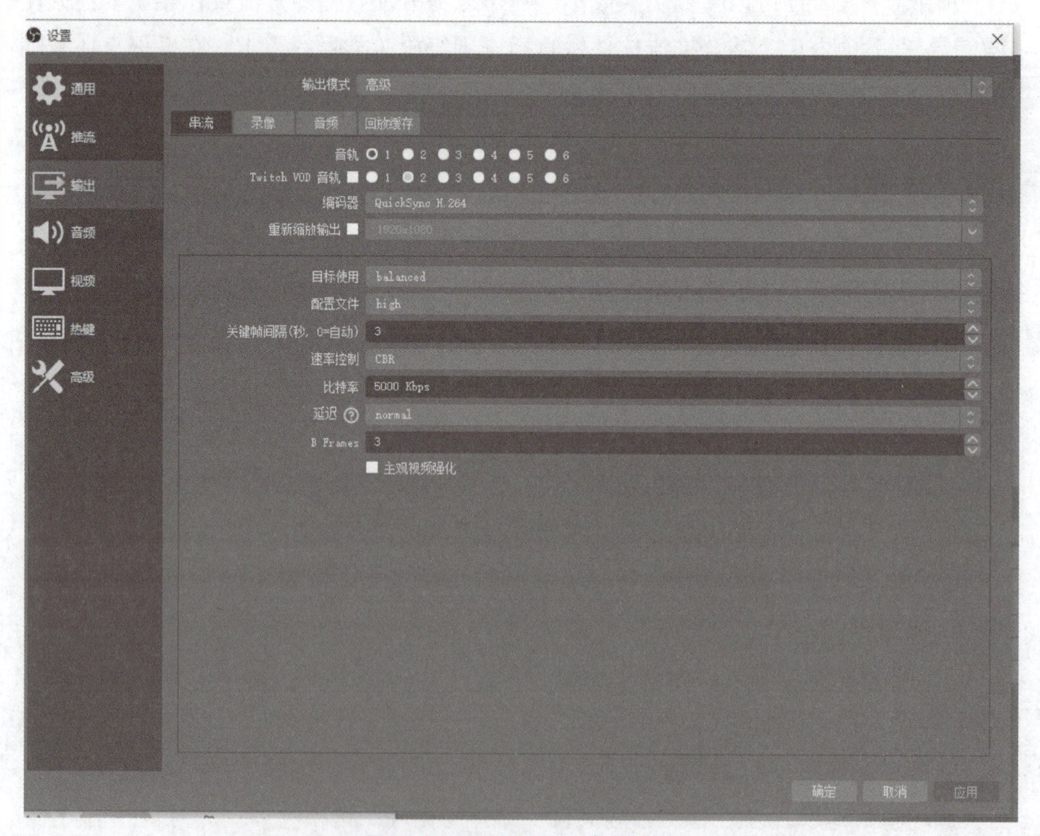

图 6-11　OBS Studio 串流设置

图 6-12　OBS Studio 分辨率设置

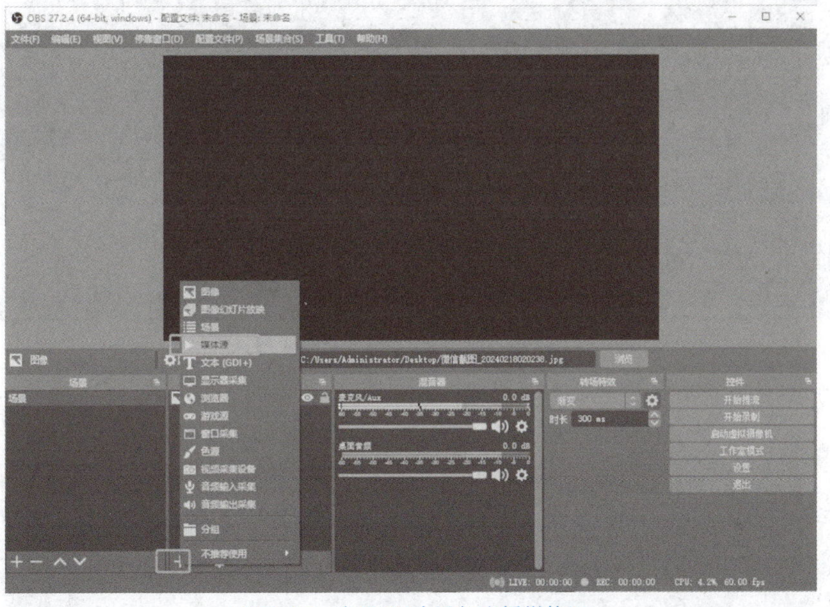

图 6-13　在 OBS 中添加直播媒体源

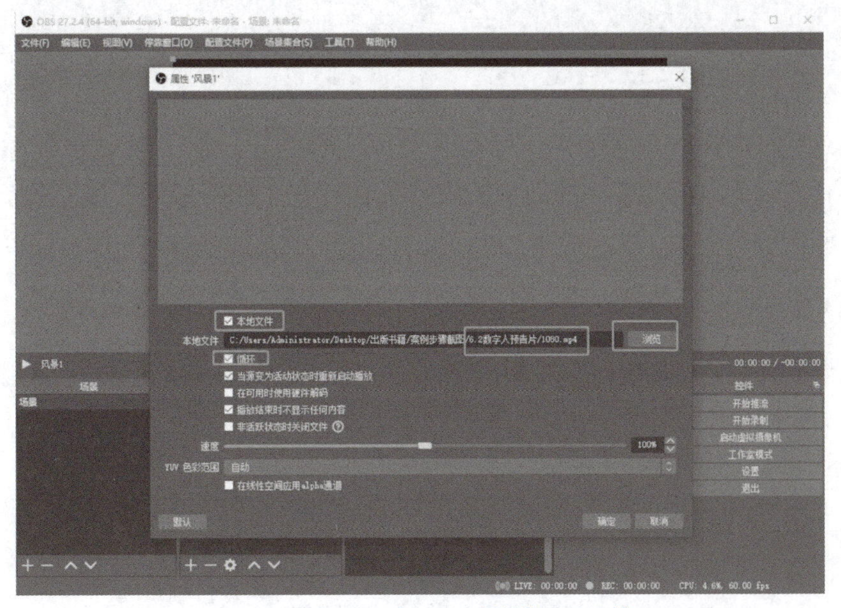

图 6-14　在 OBS 中设置直播媒体源的属性

课堂笔记

课堂笔记

（6）如图 6–15 所示，将之前准备好的“数字人直播预告片”嵌入到窗口中，微调尺寸与位置。

图 6–15　在 OBS 中导入数字人影片

（7）编辑视频上的说明文字，如图 6–16 所示。

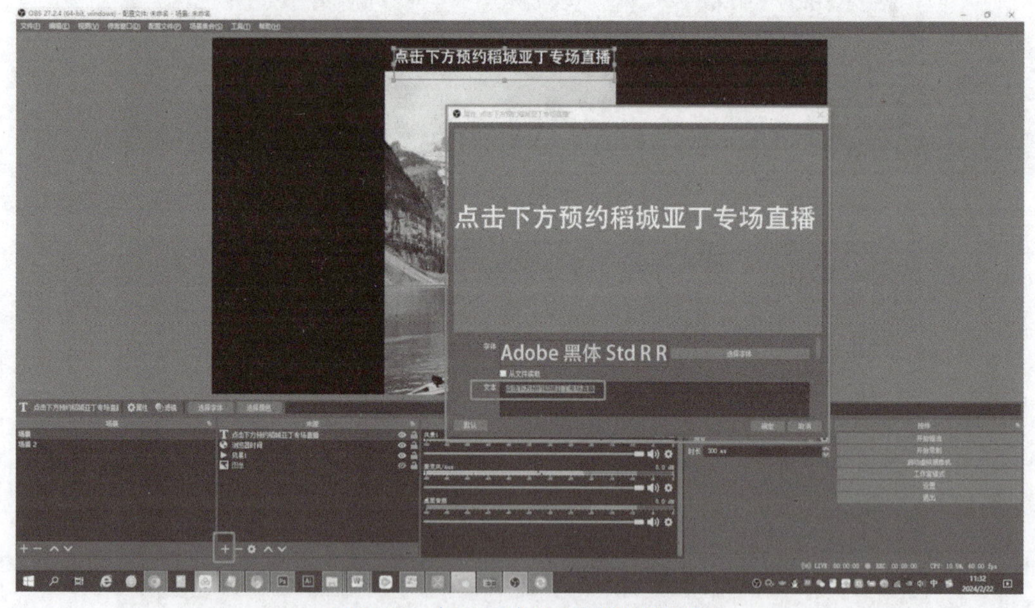

图 6–16　在 OBS 中设置直播场景字幕

（8）如图 6–17 所示，选择“启动虚拟摄像机”。

图 6-17　在 OBS 中启动虚拟摄像机

2. 设置电脑版抖音直播伴侣

（1）如图 6–18 所示，打开电脑版抖音官方的直播伴侣，登录账号之后，单击“直播设置”，视频画布选择 9:16。

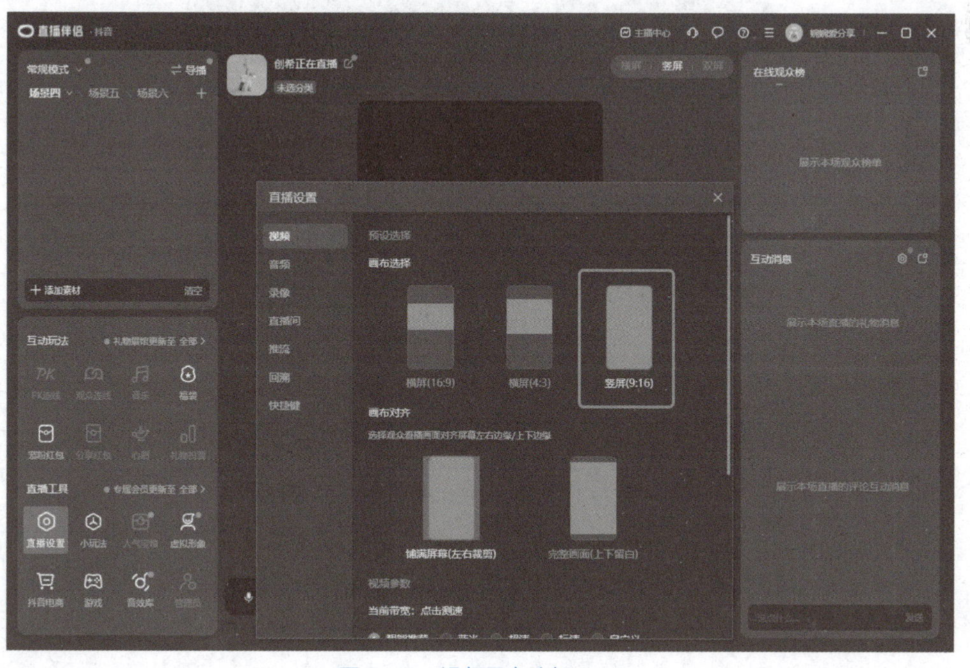

图 6-18　视频画布选择 9:16

课堂笔记

（2）如图 6–19 所示，单击“添加素材”选择“摄像头”，进入设置页面。

图 6–19　选择摄像头

（3）如图 6–20 所示为设置 OBS 虚拟摄像头。

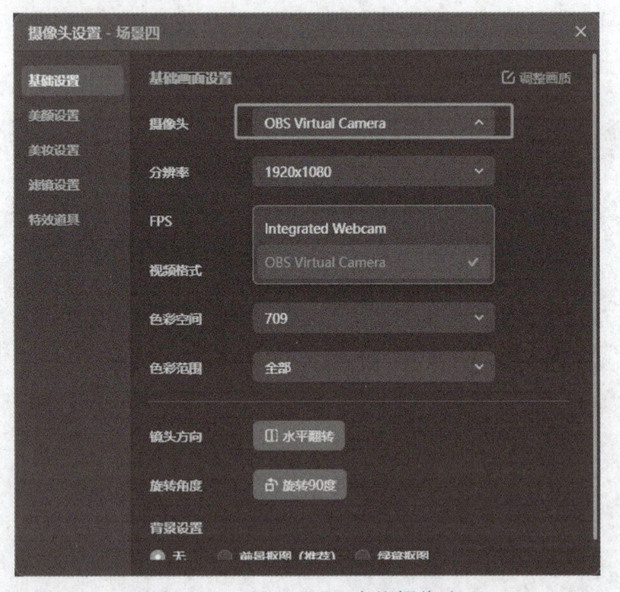

图 6–20　设置 OBS 虚拟摄像头

（4）如图 6–21 所示，添加素材后，如发现素材比例变形，则鼠标右键单击画面，弹出窗口中选择“平铺缩放”。

图 6-21　设置直播画面比例

（5）如图 6-22 所示，确认各方面准备完毕后，单击“开始直播”按钮，如果该按钮选项为“申请开播权限”则代表粉丝数不足 1000 人，完善后即可在电脑端开播。

图 6-22　单击“开始直播”按钮

（6）如图 6–23 所示，可以观察到借助 OBS 虚拟摄像头，可以让直播画面实时展示为我们指定的多媒体。由于数字人技术比较新颖并且存在一些非真实的因素，目前在主流平台上并不鼓励，大多数平台都鼓励真人出境，视为原创度更高的直播内容。更多规则请查看各平台官方最新的动态信息。在一些非主流平台或私域电商平台，数字人直播可以大大提高工作效率。

图 6-23　抖音直播画面与 OBS 画面对照图

【任务实施】

制作数字人预告片与直播。

（1）设置直播伴侣。

（2）设置直播平台后台。

（3）调试开播。

课堂笔记

【任务思考】

如何优化直播间，以规避平台对虚拟直播的限制？

扫描二维码，查看“数字人技术让人人都可在虚拟世界找到分身”的更多拓展知识。

任务三　利用 AI 生成跨境电商产品数字人直播视频

【案例引入】

亚马逊“新产业布局，高质量出海”①

2023 年 12 月 12 日，2023 年亚马逊全球开店跨境峰会在深圳会展中心开幕。今年的大会以“新产业布局，高质量出海”为主题，众多品牌出海的行业领袖、业界大咖和亚马逊高管亲临现场，共同展望品牌出海时代的新机遇、新趋势、新格局，分享品牌打造的实操经验和专业指导。

峰会上，亚马逊全球开店回顾了过去一年中国企业在亚马逊上所取得的进展与成绩，2023 年亚马逊上销售额超 100 万美金的中国卖家数量，同比增长超过了 25%；销售额超过 1000 万美金的中国卖家数量，同比增长接近 30%；中国卖家通过亚马逊全球站点向消费者以及企业客户所售出的商品数量，同比增长超过了 20%。而且深圳市商务局也表示：“今年以来，深圳外贸出口保持稳中向好势头，前三季度外贸出口总额实现了超过 15% 的增长，其中，跨境电商更是同比增长超 70%，位居全国前列。”

会上重磅发布了 2024 年在中国的五大业务战略重点，围绕五大战略重点亚马逊推出了一系列创新产品工具和卖家服务升级，旨在助力“跨境电商 + 产业带”的融合发展，并为跨境电商企业的“高质量出海”赋能。亚马逊在 2024 年将通过“4+1”战略全面升级在中国的现有服务体系，即四大服务能力升级加一个创新中心的建立，旨在推动更多产业带通过跨境电商加速转型，助力中国卖家向全球价值链的高端跃升。

① 内容来源：搜狐 | 麒麟出海 https://www.sohu.com/a/743793650_121824962。

【知识学习】

一、跨境电商的发展简要情况

近几年，特别是 2023 年，中国跨境电商的发展情况呈现出蓬勃的态势。作为全球最大的电子商务市场之一，中国跨境电商在国际贸易中的地位日益凸显，不仅推动了外贸增长，也为全球消费者提供了更多元化、更高品质的商品选择，因此在跨境电商领域，中国也有个别称为：世界的工厂。

中国政府也出台了一系列政策措施，鼓励跨境电商的发展，为行业提供了良好的政策环境。中国跨境电商依然保持了较高的增速。受国内外经济形势、消费者需求变化等多种因素影响，跨境电商行业依然展现出了较强的市场活力和发展潜力。

二、跨境电商内容创作特点

在跨境电商中，宣传内容制作是开展商品交易的至关重要的一环。优质的宣传内容、产品内容不仅能吸引目标市场的消费者，还能提升品牌形象，促进销售转化。在宣传内容制作方面，以下几点是需要特别注意的：

1. 目标市场研究

深入了解目标市场的文化背景、消费习惯、需求和偏好是制作宣传内容的基础。通过市场研究，可以确定哪些信息能够引起目标受众的共鸣，从而制作出更具吸引力的宣传内容。

2. 内容定位与差异化

在跨境电商中，面对激烈的竞争，宣传内容需要具有独特的定位和差异化。这要求企业在制作宣传内容时，要突出自身的特色和优势，与竞争对手形成鲜明的对比，从而吸引消费者的注意。

3. 语言与文化适应性

由于跨境电商涉及不同国家和地区的消费者，因此在制作宣传内容时，需要注意语言和文化的适应性。宣传内容应该使用目标市场的官方语言，并符合当地的文化习惯和审美观念。此外，还可以通过使用当地流行的俚语或表达方式，进一步拉近与目标受众的距离。

4. 视觉设计与排版

视觉设计和排版对于宣传内容的吸引力至关重要。宣传内容应该使用清晰、高质量的图片和图表，以及易于阅读的字体和排版。同时，色彩搭配和整体设计风格也需要与目标市场的审美观念相契合。

5. 信息清晰与简洁

在跨境电商中，目标受众可能来自不同的文化背景和教育水平。因此，宣传内容应该保持信息清晰、简洁，避免使用过于复杂或晦涩难懂的词汇和句子。同时，还可

课堂笔记

以通过使用简洁明了的标题、摘要和关键词等方式，帮助目标受众快速了解宣传内容的核心信息。

6. 多媒体内容整合

除了传统的文字和图片外，还可以考虑整合视频、音频等多媒体内容来丰富宣传形式。多媒体内容能够更直观地展示产品的特点和优势，提升消费者的购买欲望。同时，通过在不同平台发布多样化的多媒体内容，还可以提高品牌在目标市场的曝光度和认知度。

7. 数据分析与优化

在制作宣传内容后，还需要进行数据分析和优化。通过收集和分析目标受众的反馈和互动数据，可以了解宣传内容的传播效果和用户偏好，从而及时调整和优化宣传策略。这有助于提升宣传内容的质量和效果，促进销售转化和品牌发展。

三、跨境电商行业中视频 / 直播带货的火爆现象

跨境电商行业中也出现了主播带货视频、直播带货的火爆现象，这种新型的销售模式结合了电子商务和实时互动的特点，为消费者带来了全新的购物体验，同时也为商家提供了巨大的商业机会，如图 6–24 和图 6–25 所示。

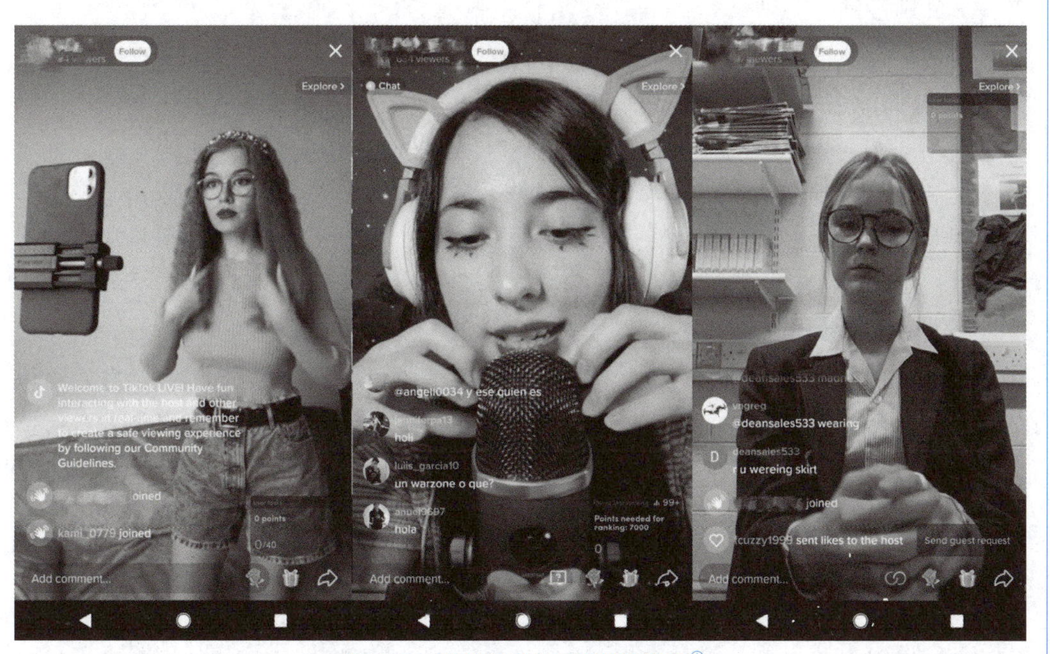

图 6–24　跨境电商的直播带货现象[①]

① 图片出处：https://baijiahao.baidu.com/s?id=1737659458675146297&wfr=spider&for=pc。

图 6-25 跨境电商的视频带货现象①

1. 视频 / 直播带货的兴起因素

（1）技术驱动：随着互联网技术的飞速发展，尤其是移动互联网的普及和 5G 网络的应用，网络直播成为可能，并且具备了高清、流畅的特点。这为视频 / 直播带货提供了坚实的技术基础。

（2）消费者需求变化：现代消费者对于购物的需求不再仅仅局限于商品本身，他们更加注重购物过程中的体验和互动性。视频 / 直播带货正好满足了这一需求，通过实时互动、问答环节等方式，消费者可以获得更多的商品信息和购物乐趣。

（3）社交媒体的普及：社交媒体平台的广泛应用为视频 / 直播带货提供了庞大的用户基础。商家可以通过社交媒体平台与消费者建立紧密联系，进行品牌推广和销售活动。

2. 视频 / 直播带货的优势

（1）实时互动性：视频 / 直播带货最大的特点之一就是实时互动性。消费者可以在直播过程中与主播进行实时交流，提问、咨询商品信息，甚至参与互动游戏等。这种实时互动性大大增强了消费者的参与感和购物体验。

（2）真实性和可信度：视频 / 直播带货通常以真实场景为背景，主播会亲自试用、体验商品，并分享自己的使用心得。这种真实性和可信度让消费者更加放心购买，提高了购买决策的准确性。

（3）营销效果显著：通过视频 / 直播带货，商家可以迅速聚集人气，吸引大量潜在消费者关注。同时，借助社交媒体平台的传播力量，直播带货视频可以迅速扩散，形成口碑效应，提升品牌知名度和影响力。

（4）商品多样化：直播带货视频涵盖了各种商品类型，从服装、化妆品到家居用

① 图片出处：https://www.sohu.com/na/426278052_120781309。

品、电子产品等应有尽有。这种商品多样化满足了不同消费者的购物需求，也为商家提供了更广阔的市场空间。

【任务实训】

利用 AI 工具生成跨境电商产品数字人直播视频。

【任务描述】

直播视频介绍产品，比静态图片要更形象生动，可以将产品的优势卖点，通过语音、动态的画面呈现，优化用户购物体验。而使用 AI 数字人直播视频，可以快速生成内容，降低营销成本，也为商家带来更好的商业机会和竞争优势。本任务使用 AI 工具生成跨境电商产品数字人直播视频。

【任务分析】

这是一个综合型任务，首先需要有介绍产品的文案，我们以家具沙发为案例，首先制作优质的产品文案（可使用图片生成 AI 工具辅助制作）；其次构建一个数字人基本模型，通过软件让其动起来；最后，通过视频制作工具将文案转为语音，将数字人与视频背景融合等，使视频的呈现效果更好。

还需要注意的是，在制作过程中应提前考虑跨境电商产品的目标受众群体及其视频与文化偏好，将符合该国家的用户偏好因素结合到创作中。

【任务指导】

1. 生成产品文案

（1）首先使用文本生成 AI 工具生成产品介绍文案。因为有确定的产品，如图 6–26 所示，我们先进行基本的描述，再发给文心一言，可以生成更精确的内容，注意控制字符数。我们在文心一言对话框中向它提出需求：请帮我写一段在亚马逊上销售产品的视频解说台词，字数 200 左右，产品是关于一款家具：简约现代轻奢风格的沙发套装，沙发面料是布艺纯棉材质，沙发支撑框架是金属，色彩素雅，经典耐看，目前是新品，有优惠，欢迎咨询了解。

（2）如图 6–27 所示，得到的文案在我们原有的意思上优化了部分词汇，语序表达上更通顺，另外也可以加入一些想法，比如这个介绍的人是产品设计师，所以我们将调整好的文案，再次发送给文心一言，让它翻译一下：请将以下内容转为英文：欢迎来到我们亚马逊店铺，作为设计师，我为大家介绍一款新品——简约现代轻奢风格的沙发套装。这款沙发以纯棉为面料，触感舒适，柔软透气，让您坐得更加舒适自在。沙发支撑框架采用金属材质，坚固耐用。色彩素雅、经典耐看的设计，轻松融入

课堂笔记

各种家居风格中，为您的客厅增添一份高雅与品位。目前这款是新品上市，我们特别推出优惠活动！欢迎咨询了解，生成文案如图 6–28 所示。

图 6–26　跨境电商产品图

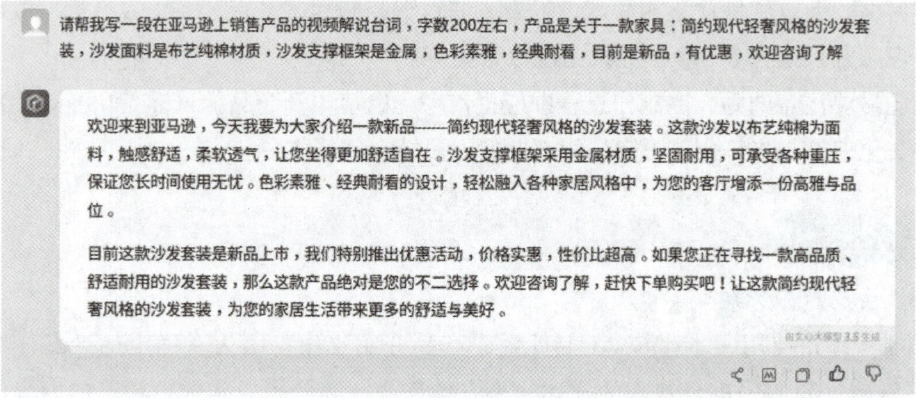

请帮我写一段在亚马逊上销售产品的视频解说台词，字数200左右，产品是关于一款家具：简约现代轻奢风格的沙发套装，沙发面料是布艺纯棉材质，沙发支撑框架是金属，色彩素雅，经典耐看，目前是新品，有优惠，欢迎咨询了解

欢迎来到亚马逊，今天我要为大家介绍一款新品——简约现代轻奢风格的沙发套装。这款沙发以布艺纯棉为面料，触感舒适，柔软透气，让您坐得更加舒适自在。沙发支撑框架采用金属材质，坚固耐用，可承受各种重压，保证您长时间使用无忧。色彩素雅、经典耐看的设计，轻松融入各种家居风格中，为您的客厅增添一份高雅与品位。

目前这款沙发套装是新品上市，我们特别推出优惠活动，价格实惠，性价比超高。如果您正在寻找一款高品质、舒适耐用的沙发套装，那么这款产品绝对是您的不二选择。欢迎咨询了解，赶快下单购买吧！让这款简约现代轻奢风格的沙发套装，为您的家居生活带来更多的舒适与美好。

图 6–27　跨境电商产品解说文案

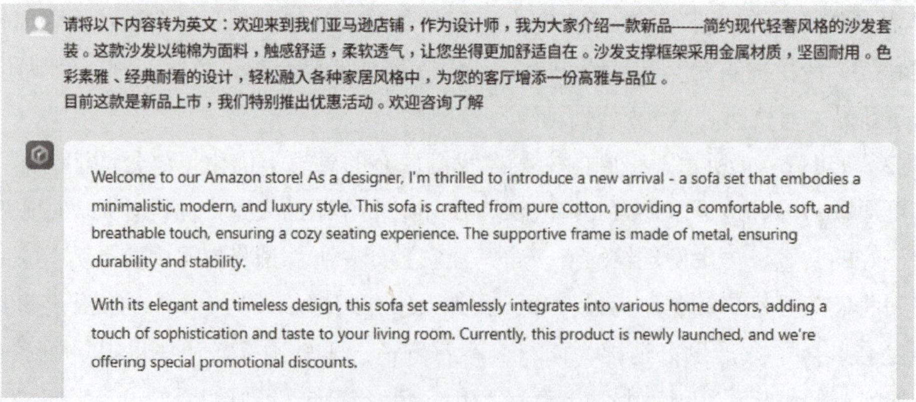

请将以下内容转为英文：欢迎来到我们亚马逊店铺，作为设计师，我为大家介绍一款新品——简约现代轻奢风格的沙发套装。这款沙发以纯棉为面料，触感舒适，柔软透气，让您坐得更加舒适自在。沙发支撑框架采用金属材质，坚固耐用。色彩素雅、经典耐看的设计，轻松融入各种家居风格中，为您的客厅增添一份高雅与品位。
目前这款是新品上市，我们特别推出优惠活动。欢迎咨询了解

Welcome to our Amazon store! As a designer, I'm thrilled to introduce a new arrival - a sofa set that embodies a minimalistic, modern, and luxury style. This sofa is crafted from pure cotton, providing a comfortable, soft, and breathable touch, ensuring a cozy seating experience. The supportive frame is made of metal, ensuring durability and stability.

With its elegant and timeless design, this sofa set seamlessly integrates into various home decors, adding a touch of sophistication and taste to your living room. Currently, this product is newly launched, and we're offering special promotional discounts.

图 6–28　跨境电商产品解说文案翻译成英文

课堂笔记

2. 生成数字人

（1）关于数字人基础形象的选择可以考虑：

第一种：数字人生成平台提供的数字人模型选项（通常数字人模型分为付费和免费的两种，免费的数字人模型被使用的重复率比较高，并且其形象不一定符合本公司的具体要求；付费的数字人需要定制）。

第二种：使用公司员工或代言人形象，加工制作成数字人（关于肖像权这方面需征得同意、需要较高经费）。

第三种：使用图片生成型 AIGC 工具生成数字人（只能是制作面部动态的数字人，效率高）。

第四种：使用 3D 模拟软件生成数字人（生成全身立体动态的数字人，需要专职人员、制作成本高、时间长，好处是可控程度大）。

在本案例中，我们采用第三种数字人方案，可以更快得到结果。由此，我们需要设定一个数字人的形象图片，角色特征描述如图 6–29 所示，并利用图片生成 AI 工具制作。我们将指令发送给 Midjourney 或同类型图片生成的 AI 工具。

图 6–29　跨境电商模特的形象描述

（2）如图 6–30 所示，得到结果中发现图片是正方形，而产品讲解类视频至少要露出腰部及以上，因此单击“U1”选出第一张。继续优化：将其图像向下延伸，并在提示语输入让手势是拿着一只白色钢笔，从而得到这个专属于我们的主播形象，如图 6–31 所示。

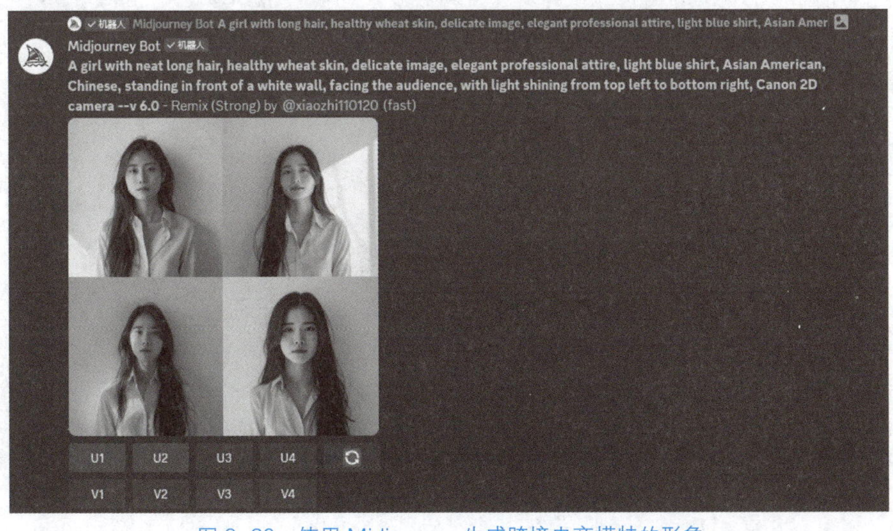

图 6–30　使用 Midjourney 生成跨境电商模特的形象

图 6-31　确定主播的形象

（3）为了更好调用该人物角色，使用 Photoshop 处理成透明底图。如图 6-32 所示，选择“魔棒工具”+“多边形套索工具”将背景去除，导出成能保持透明背景的 PNG 图像格式（图像可进行适当调色）。

图 6-32　将主播图片背景透处理

课堂笔记

（4）最终生成的主播形象图片，如图 6–33 所示。

图 6–33　最终生成的主播形象图片

扫描二维码，查看“使用 Midjourney 生成数字人形象的详细步骤”的更多拓展知识。

3. 生成数字人直播视频

（1）打开 Kreadoai（https://www.kreadoai.com/）网页，如图 6–34 所示，这是一个数字人生成 AI 工具。

图 6–34　Kreadoai 的首页界面

（2）如图 6-35 所示，登录账号之后，可以看到它的界面左侧一列是导航，中间部分为工作区，右边一列为选项工具栏。我们选择“立即创作”，出现以下这个界面。在 Kreadoai 里，数字人有 2 种选择：真人数字人、照片数字人。基于前文关于数字人基础形象的选择的考虑，我们选择“照片数字人”。

图 6-35 Kreadoai 的工作界面

（3）如图 6-36 所示，单击“上传”按钮将我们前面生成的数字人照片上传到这个背景中。

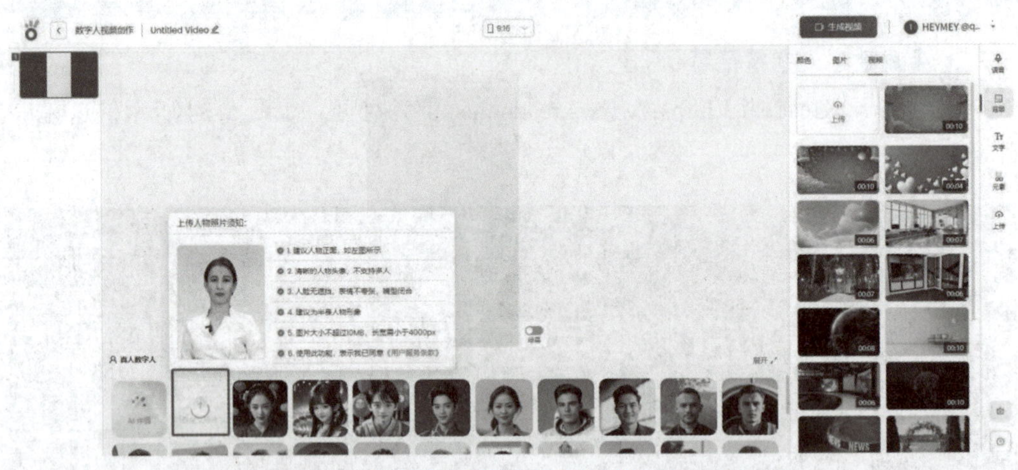

图 6-36 将自定义的数字人照片上传至 Kreadoai

（4）照片上传后，在界面上方选择画面比例，考虑目前亚马逊平台主流的主图尺寸是 1∶1 类型，我们选择“1∶1”这个选项。接着在右侧“背景”选项里面选择“图片”，将产品主图上传，如图 6-37 所示。

图 6–37　给数字人角色添加背景

（5）上传了图片之后，发现它遮住了人物，如图 6–38 所示，因此在界面上方选择“层级”将背景下移一层。

图 6–38　调整数字人角色的背景

（6）如图 6–39 所示，我们得到了一个人物嵌入到主图中的整体画面。下一步选择数字人的声音，这边可以根据实际需求来调整，我们选择“女声”、语气风格是“客户服务”，文本内容框里输入前面制作好的产品介绍文案（注意控制字符数）。

（7）如图 6–40 所示，可以微调“语速”“语调”，然后单击“试听”按钮。

（8）如图 6–41 所示，试听无误后，选择“生成视频”，核对参数信息，单击“开始生成视频”按钮。

（9）生成视频需要一定时间，此时间根据视频的长度而不同。可以在个人中心的“我的项目”里查看视频的生成进度。生成完成后即可播放或选择下载，如图 6–42 所示。

图 6-39　调整数字人角色的背景

图 6-40　输入产品文案试听配音

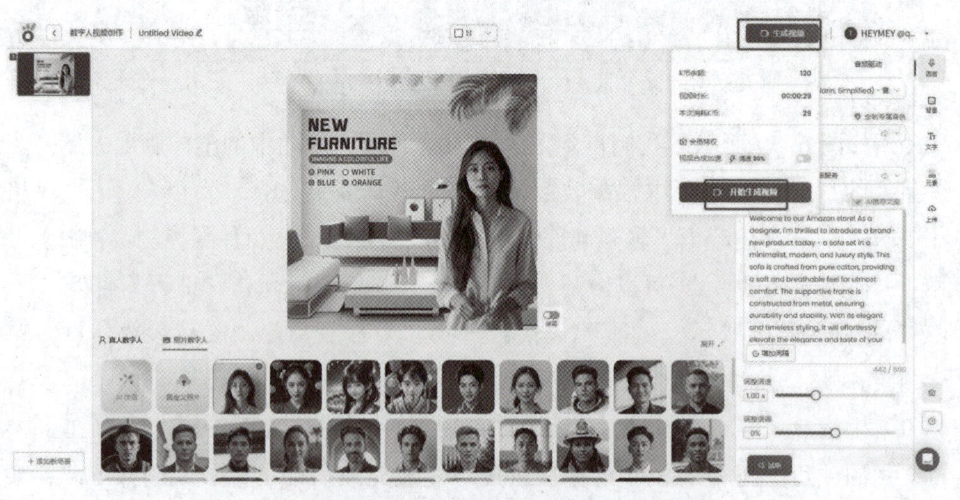

图 6-41　生成数字人口播视频

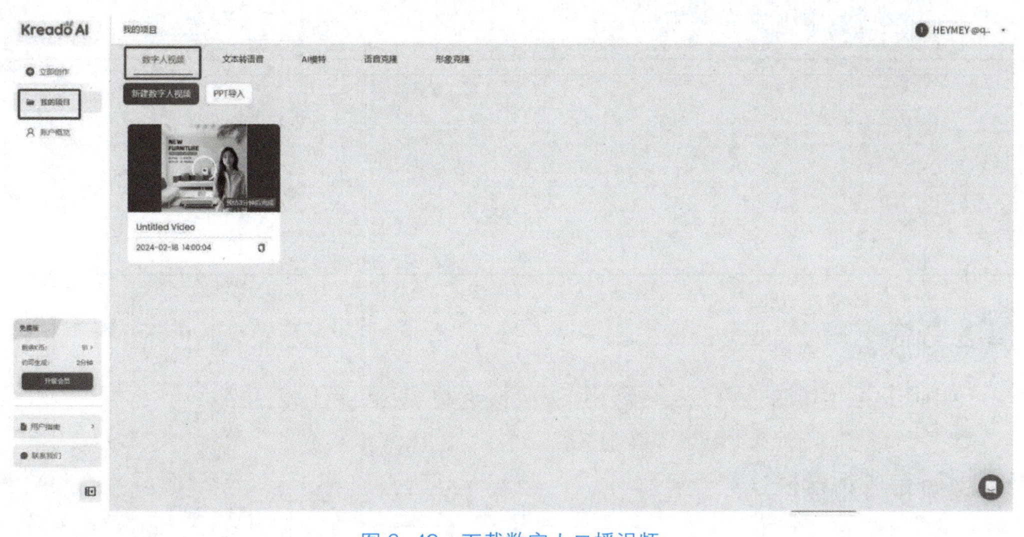

图 6-42　下载数字人口播视频

（10）通过案例，我们观察到以 Kreadoai 为例的数字人生成工具，首先是要有基本数字人原型，并且它支持上传本地数字人原型，这方面还是比较有优势的。通过本地数字人原型，我们就可以让产品直播视频的原创性更强。企业在宣传推广中持续地使用固定的数字人角色，也能给消费者一种专业的感受。有了 AI 相关工具，原先复杂的产品介绍视频，如今变得非常轻松，大大提高了工作效率。此外，我们还可以让 AI 相关工具生成纯数字人视频，再进行视频抠像等后期处理，加以个性化的本地素材添加，将会让视频的原创度更高。其他一些选项功能，有待大家持续探索。

【任务实施】

制作跨境电商产品数字人直播视频。

（1）生成产品文案。

（2）生成数字人形象图。

课堂笔记

（3）生成数字人口播视频。

【任务思考】

如何让 AI 生成的数字人直播视频，更接近真实，更有原创性？

【项目完成评价表】

<table>
<tr><td colspan="4">学生自评（40 分）</td><td>得分：</td></tr>
<tr><td colspan="5">计分标准：A：9 分，B：7 分，C：5 分</td></tr>
<tr><td>评价维度</td><td>评价指标</td><td colspan="3">学生自评
要求
（A 掌握；B 基本掌握；C 未掌握）</td></tr>
<tr><td rowspan="4">课堂参与度</td><td>线上互动活动完成度</td><td>A □</td><td>B □</td><td>C □</td></tr>
<tr><td>线下课堂互动参与度</td><td>A □</td><td>B □</td><td>C □</td></tr>
<tr><td>预习与资料查找</td><td>A □</td><td>B □</td><td>C □</td></tr>
<tr><td>探究活动完成度</td><td>A □</td><td>B □</td><td>C □</td></tr>
<tr><td rowspan="3">作业质量</td><td>作业的完成度</td><td>A □</td><td>B □</td><td>C □</td></tr>
<tr><td>作业的准确性</td><td>A □</td><td>B □</td><td>C □</td></tr>
<tr><td>作业的创新性</td><td>A □</td><td>B □</td><td>C □</td></tr>
<tr><td rowspan="3">创作成果创新性</td><td>作品的专业水平</td><td>A □</td><td>B □</td><td>C □</td></tr>
<tr><td>成果的实用性与商业价值</td><td>A □</td><td>B □</td><td>C □</td></tr>
<tr><td>成果的创新性与市场潜力</td><td>A □</td><td>B □</td><td>C □</td></tr>
<tr><td rowspan="3">职业道德思想意识</td><td>爱岗敬业、认真严谨</td><td>A □</td><td>B □</td><td>C □</td></tr>
<tr><td>遵纪守法、遵守职业道德</td><td>A □</td><td>B □</td><td>C □</td></tr>
<tr><td>顾全大局、团结合作</td><td>A □</td><td>B □</td><td>C □</td></tr>
<tr><td colspan="4">教师评价（60 分）</td><td>得分：</td></tr>
<tr><td>教师评语</td><td colspan="4"></td></tr>
<tr><td>总成绩</td><td colspan="2"></td><td>教师签字</td><td></td></tr>
<tr><td colspan="5">注：学生自评部分，学生需根据自身情况填写自测结果，并遵循评价要求。</td></tr>
</table>

项目七
人工智能技术的发展趋势

【知识目标】

（1）了解人工智能技术与应用的发展趋势。

（2）了解人工智能技术发展的条件。

（3）理解 AIGC 的风险、挑战与道德规范。

【技能目标】

（1）能够理解 AIGC 的伦理问题，如隐私、版权、数据安全等。

（2）能够在实践中遵守相关伦理规范。

【素质目标】

（1）培养学生精益求精的工匠精神。

（2）积极培育和践行社会主义核心价值观，培养遵纪守法的意识。

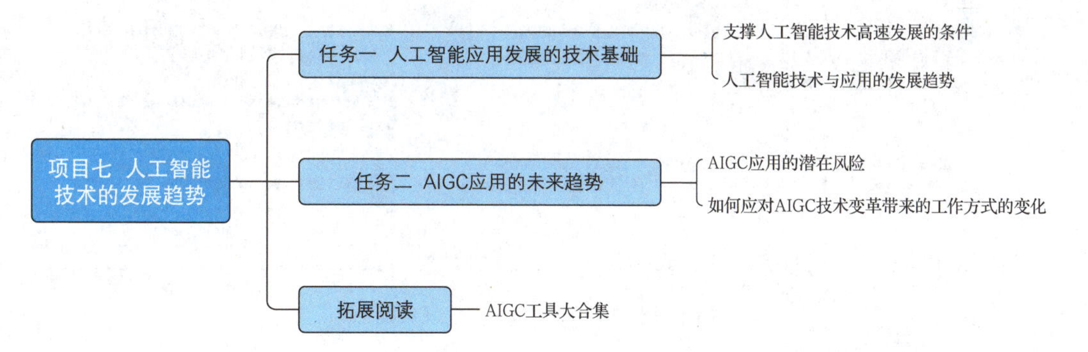

任务一　人工智能应用发展的技术基础

【案例引入】

艾媒咨询｜2023 年中国 AIGC 行业发展研究报告①

监测数据显示，2014—2023 年 2 月全球 AIGC 及相关产业投融资规模约 1938 亿美元，成为资本布局的热门赛道。艾媒咨询分析师认为，ChatGPT 等 AIGC 类话题在全球引发大量关注，对于产业界重视 AI 整体发展是一个重大利好，AIGC 领域未来将保持长期向上发展趋势。然而，人工智能属于典型的长周期、高投入行业，目前 AIGC 在各行业应用落地仍处于早期探索阶段，其发展速率及效果需要理性对待。如图 7-1 所示为全球 AIGC 行业发展历程。

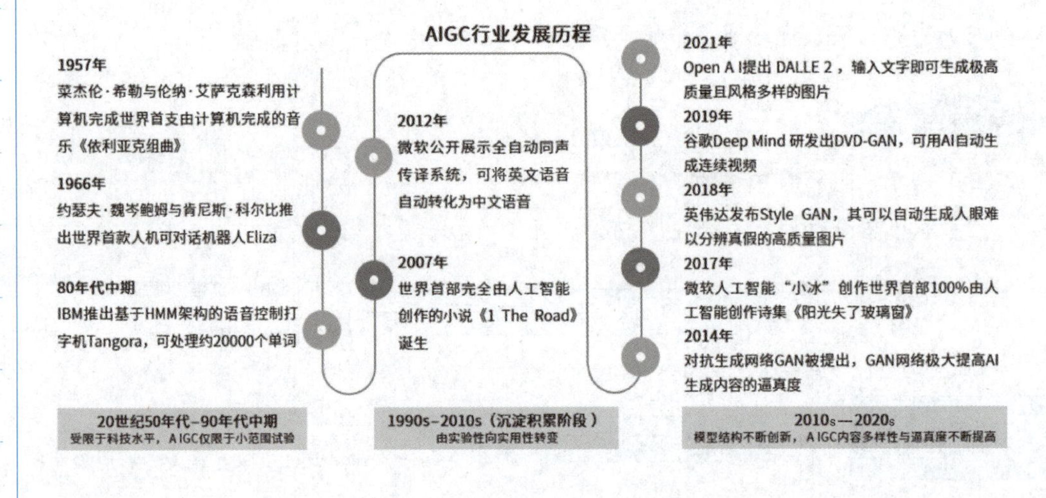

图 7-1　全球 AIGC 行业发展历程

随着国家政策的倾斜和 5G 等相关基础技术的发展，中国人工智能产业在各方的共同推动下进入爆发式增长阶段，市场发展潜力巨大。数据显示，2020 年中国人工智能核心产业规模就已达 1500 亿元，预计在 2025 年将达到 4000 亿元，未来有望发展为全球最大的人工智能市场。而 AIGC 的存在，将会极大释放人类的想象力，掀起属于这个时代的“新艺术浪潮”。

① 艾媒咨询｜2023 年中国 AIGC 行业发展研究报告（节选）https://baijiahao.baidu.com/s?id=1762124486137066674&wfr=spider&for=pc。

课堂笔记

艾媒商情舆情数据监测系统显示，与“AIGC”关联热度的最高的词语为生成、人工智能、元宇宙、绘画、文心。艾媒咨询分析师认为，生成式人工智能和大语言模型产品的演化，为元宇宙的内容生产提供了创新思路，有助于填补元宇宙发展的空白。AIGC 与元宇宙相辅相成，元宇宙是 AIGC 技术的重要应用场景，而 AIGC 或许将成为未来元宇宙建设中重要的内容生产力工具。

【知识学习】

一、支撑人工智能技术高速发展的条件

AIGC 技术三大驱动条件如图 7-2 所示。

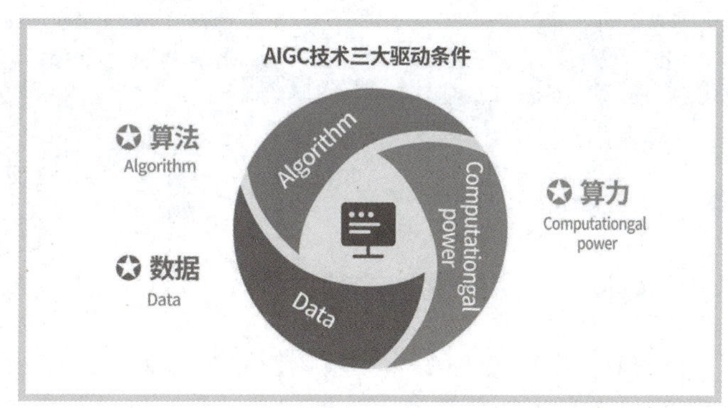

图 7-2　AIGC 技术三大驱动条件[①]

人工智能技术的发展正处于一个快速变化的时期，不仅在技术层面上取得了重大进步，也对社会、经济和文化产生了深远的影响。未来国际竞争将是技术的竞争，我们可以预见 AI 将在提高生产效率、解决复杂问题以及创造新的服务和体验方面发挥更大的作用。因此，我们也需要关注那些支持人工智能发展的必要条件，从而才能实现人工智能技术的持续发展和广泛应用。

（1）技术基础支持：AI 技术的发展离不开强大的计算能力。深度学习等 AI 技术需要大量的计算资源来处理复杂的计算任务。幸运的是，随着 GPU（图形处理单元）、TPU（张量处理单元）和其他专用 AI 芯片的出现，以及云计算技术的发展，为 AI 技术的研究和应用提供了前所未有的计算能力。

（2）数据资源支持：数据是人工智能技术的核心。要训练出智能、准确的人工智能模型，需要大量的数据资源。因此，数据资源的丰富程度和质量将直接影响人工智能技术的发展水平。

---

① 算法：是一系列解决问题的清晰指令，代表着用系统的方法描述解决问题的策略机制。其关联技术包括机器学习、深度学习、自然语言处理、计算机视觉、推荐系统等。

算力：是通过对信息数据进行处理，实现目标结果输出的计算能力。其关联技术包括数据中心、分布式计算、边缘计算、高性能计算等。

数据：数据是对现实世界的描述和反映，以数字、文字、图像等形式表现，是支撑决策和优化的基础。其相关技术包括数据挖掘、数据仓库、数据可视化、数据安全和隐私保护等。

（3）人才储备支持：人工智能技术的研发和应用需要大量的专业人才。这些人才需要具备深厚的数学、统计学、计算机科学等基础知识，同时还需要具备创新思维和实践能力。因此，培养和吸引优秀人才是支撑人工智能技术发展的关键。

（4）政策和资金的支持：良好的政策环境可以为人工智能技术的发展提供有力保障。政府可以通过制定相关法规、提供资金支持、推动产学研合作等方式来促进人工智能技术的发展和应用。

（5）伦理和法律框架支持：随着 AI 技术的深入应用，伦理和法律问题日益凸显。建立合理的伦理指导原则和法律框架，不仅可以保护个人隐私和数据安全，还可以促进 AI 技术的健康发展，避免技术滥用和风险。

扫描二维码，查看“支撑 AI 技术发展的硬件要求”的更多拓展知识。

二、人工智能技术与应用的发展趋势

人工智能（AI）技术的发展是 21 世纪科技变革的核心，它涉及从机器学习（ML）和深度学习（DL）到自然语言处理（NLP）和计算机视觉等众多领域。AI 技术正逐步渗透到人们生活的每一个角落，从智能助手到自动驾驶汽车，从高度个性化的医疗诊断到自动化的供应链管理。AI 技术的主要发展趋势如下：

1. 自动化需求驱动智能的增强

自动化需求一直是 AI 技术发展的重要驱动力。自动化不仅仅局限于重复性的物理任务，还将扩展到决策制定过程。数据是 AI 系统的“燃料”。随着大数据技术的不断发展，将能够收集到更多、更全面的数据，为 AI 系统的训练和优化提供有力支持。AI 系统现在能够分析大量数据，识别模式，并提供决策支持，甚至是应用在复杂的商业和科学问题上。随着计算能力的不断提升，更复杂的模型和结构也将得以实现，AI 在未来可能会承担更多的分析和决策任务，从而提高效率和准确性。

2. 深度学习推进算法和模型的持续创新

深度学习是推动 AI 发展的关键技术之一。通过模仿人脑的工作方式，深度学习、神经网络等算法将不断优化，以提高 AI 系统的学习、推理和决策能力。近年来，随着算法的优化和计算能力的提升，深度学习在图像识别、语音识别、自然语言处理等领域取得了显著进展。未来的发展方向可能包括更高效的算法、对更复杂数据类型的处理能力，以及深度学习模型的能源效率改进。

3. AI 技术将与各行业深度融合

AI 从来不是一个孤立的技术领域，而是与各行各业紧密结合，共同推动社会进步。在制造业中，AI 将助力实现智能化生产，提高生产效率和产品质量；在医疗领域，AI 将辅助医生进行疾病诊断和治疗方案制订，提升医疗服务水平；在教育领域，AI 将个性化地推荐学习资源，帮助学生和教师提升教学效果。这种深度融合将使 AI 技术更加贴近人们的实际需求，为人们的生活带来更多便利。

4. 边缘计算将推动 AI 技术的普及

随着物联网设备的普及，越来越多的计算任务将在设备边缘完成。这将减少数据传输的延迟，提高处理效率，并增强数据的安全性。边缘计算将与 AI 技术紧密结合，使智能设备能够实时响应和处理各种任务，为人们的生活带来更多便利。

5. AI 教育将普及化

随着 AI 技术的广泛应用，对 AI 人才的需求也日益旺盛。为了满足这种需求，AI 教育将逐渐普及化。从小学到大学，各个教育阶段都将引入 AI 相关课程，培养人们的 AI 素养和技能。同时，各种在线课程和培训项目也将为更多人提供学习 AI 技术的机会。

6. AI 技术将推动可持续发展

面对全球性的挑战，如气候变化、资源短缺等，AI 技术将发挥重要作用。通过优化能源利用、提高生产效率、减少废弃物排放等方式，AI 技术将有助于实现可持续发展目标。同时，AI 技术还将在环保、农业、城市规划等领域发挥积极作用，推动绿色、低碳、智能的社会发展。

7. AI 技术将助力全球合作与发展

在全球化的背景下，AI 技术将成为推动全球合作与发展的重要力量。通过共享数据、算法和模型等资源，各国可以共同应对全球性挑战，促进科技创新和经济发展。同时，AI 技术还将推动文化交流与融合，增进不同国家和民族之间的理解与友谊。

8. 伦理和安全问题的关注

随着 AI 技术的应用范围不断扩大，伦理和安全问题也越来越受到关注。如何确保 AI 系统的决策是公正和透明的，如何防止 AI 技术被用于侵犯隐私和人权，以及如何避免 AI 系统被恶意利用，都是当前和未来需要解决的重要问题。这可能会推动制定更多的法律法规，以及开发更安全、更可靠的 AI 技术。

【素养园地】

2024 年政府工作报告中的“人工智能 +”行动[1]

在 2024 年的政府工作报告中指出，首次提出了“人工智能 +”的概念，政府工作报告提出，深化大数据、人工智能等研发应用，开展“人工智能 +”行动，打造具

① 内容来源：www.gov.cn“用好‘人工智能 +’赋能产业升（节选）级”https://www.gov.cn/yaowen/liebiao/202403/content_6937351.htm。

有国际竞争力的数字产业集群。

如何加快推动人工智能技术发展？怎样应用人工智能赋能产业升级？如何有效应对新技术带来的风险与挑战？这些成为今年全国两会上代表委员热议的话题。

“要推动人工智能技术的发展，需要从人工智能的三大基石上发力，即算料、算力、算法。”重庆邮电大学校长高新波委员表示，算料方面，需要打破数据壁垒，建立开放共享的多模态数据标准和大数据中心，构建合理高效的知识图谱；算力方面，需要构建统一的算力调度平台，避免政府和企业无序投入；算法方面，需要加强基础研究，培养更多富有创新精神的高素质人才，发挥新型举国体制作用，开展关键技术集中科研攻关。

在智能语音和大模型领域，科大讯飞是国内领军企业之一。“作为引领新一轮科技革命和产业变革的战略性技术，人工智能技术将有力促进数字技术和实体经济深度融合，催生新产业、新模式、新动能。”科大讯飞董事长刘庆峰代表介绍，目前我国在掌握先进大模型算法、推动算力软硬件深度融合、加快行业落地应用等方面持续发力，在语音大模型、医疗大模型等领域已经形成了具有国际竞争力的比较优势。

人工智能是机器对人的思维方式的模拟，预训练大模型是迄今为止最接近人类认知模式的技术路径。“推动人工智能技术发展，应聚焦通用大模型研发攻关，加快制订国家通用人工智能发展规划。”刘庆峰代表建议整合各方资源，布局战略性、前瞻性基础研究，推动国家级高质量训练数据开放和共享，同时积极推动人工智能领域拔尖创新人才培养，加大应用型人才的培训力度。

推行精密器件 5G+ 人工智能视觉检测，推出全球首个基于大模型的智慧家电 AI 平台，将人工智能技术应用到空调、冰箱等家电制造环节……在四川长虹电子控股集团，一系列“人工智能 +”落地具体应用场景，赋能产业升级。

“我们依托智能机器人联合实验室和中国科学院自动化所等合作伙伴，瞄准养老护理、家庭家务等具体应用场景，加速推进家庭服务机器人的研发和应用。”四川长虹电子控股集团党委书记、董事长柳江代表表示，未来将重点围绕机器人视觉感知、机器人关键部件等领域开展核心技术攻关，更好发挥新技术潜能。

将人工智能融入产业发展，需要企业进行大量应用研发。柳江代表建议，强化算力基础设施及产业数据平台建设，改善算力、数据资源等公共服务供给，打通协同创新渠道，激发全产业链创新活力。

多场景应用离不开多学科研究。“开展人工智能应用研究时，构造的往往是一个典型的复杂巨系统，需要多学科交叉融合。”重庆国家应用数学中心主任、国际系统与控制科学院院士杨新民委员表示，要深化数学与人工智能交叉应用研究，如智能感知和自主决策一体化等，着力解决具体行业领域应用的堵点卡点。

随着人工智能不断演进，一些潜在的风险挑战也逐步显现，如人机伦理、信息泄露、算法偏见等。

【任务实训】

人工智能技术（知识巩固小测试）

请根据知识学习内容，完成以下选择题。

（1）【单选题】以下不属于人工智能技术发展重要依赖的条件的是（　　）。

A. 环境支持

B. 数据资源支持

C. 人才储备支持

D. 政策和资金的支持

（2）【多选题】AI 技术的计算能力依赖的条件，包含（　　）。

A. GPU（图形处理单元）

B. TPU（张量处理单元）

C. 专用 AI 芯片

D. 云计算技术

（3）【单选题】以下说法不正确的是（　　）。

A. 数据资源的丰富程度和质量将直接影响人工智能技术的发展水平

B. 人工智能已经可以实现自我驱动，因此不需要太专业人才

C. 良好的政策环境可以为人工智能技术的发展提供有力保障

D. 随着 AI 技术的深入应用，伦理和法律问题日益凸显

（4）【多选题】以下属于人工智能技术与应用发展趋势的是（　　）。

A. 深度学习推进算法和模型的持续创新

B. 自动化需求驱动智能的增强

C. 伦理和安全问题的关注

D. 边缘计算将推动 AI 技术的普及

（5）【单选题】以下说法不正确的是（　　）。

A. 如何确保 AI 系统的决策是公正和透明的，如何防止 AI 技术被用于侵犯隐私和人权，都是当前和未来需要解决的重要问题

B. 从小学到大学，各个教育阶段都可以将 AI 相关课程引入，培养人们的 AI 素养和技能

C. 深度学习在图像识别、语音识别、自然语言处理等领域取得了显著进展

D. 通过模仿机器的工作方式，深度学习、神经网络等算法将不断优化，以提高 AI 系统的学习、推理和决策能力

任务二　AIGC 应用的未来趋势

一、AIGC 应用的潜在风险

1. 基于 AI 技术应用可能存在的风险

数据隐私与安全风险：AI 系统的运行高度依赖大量的数据。然而，在数据收集、存储和处理的过程中，很可能出现数据泄露、滥用或误用的情况，从而侵犯个人隐私和安全。

（1）算法偏见与歧视：由于训练数据的不均衡或偏见，AI 算法可能会产生歧视性结果，对某些群体作出不公平的判断或决策，进而加剧社会不平等。

（2）自动化与就业风险：随着 AI 技术的普及，许多传统的工作岗位可能会被自动化替代，导致大量失业。这种变革可能给社会带来不稳定因素。

（3）不可预测性与失控风险：AI 系统的决策和行为往往基于复杂的算法和模型，有时会产生不可预测的结果。在某些情况下，这种不可预测性可能导致系统失控，对社会造成危害。

（4）AI 武器化与伦理冲突：AI 技术在军事和武器制造领域的应用，可能引发严重的伦理冲突和道德困境，如自动武器系统的道德责任归属问题。

2. 如何避免与限制这些风险

（1）强化数据保护法规：制定严格的数据保护法规，确保个人数据的收集、存储和使用符合法律要求，防止数据滥用和泄露。

（2）算法公正与透明度：推动算法公正和透明度的原则，要求 AI 系统在设计时考虑其对社会各群体的影响，避免产生歧视性结果。同时，提高 AI 系统的透明度，使其决策和行为可解释、可审计。

（3）提升 AI 系统的安全性：通过技术手段强化 AI 系统的安全防护，包括但不限于加密、访问控制、入侵检测等，同时培训相关人员识别和防范潜在威胁。

（4）促进就业转型与培训：针对 AI 技术带来的就业风险，政府和企业应加大对劳动力市场的投入，提供培训和转岗机会，帮助人们适应新的就业环境。

（5）建立监管机制与评估体系：建立对 AI 技术的监管机制和评估体系，确保其在安全、可控的范围内发展。同时，对 AI 系统的性能、安全性和伦理风险进行定期评估，确保其符合社会期望和法规要求。

（6）国际合作与伦理准则：加强国际间的合作与交流，共同制定 AI 技术的伦理准则和标准。通过全球性的努力，共同应对 AI 技术带来的伦理和法规挑战。

二、如何应对 AIGC 技术变革带来的工作方式的变化

在当前的科技浪潮中，AI 技术正快速渗透到制造业、医疗卫生、教育、金融服务、交通物流等各个领域，重塑行业格局，创造新的工作岗位，同时也带来了前所未有的挑战。其影响之广泛和深远，预示着它将改变我们的工作、生活，甚至整个社会结构。这场变革预计将超越互联网革命的速度、力度和影响范围。当前，正处于人工智能（AI）技术变革的前沿，应及时适应这一变革，提升能力，可以更好地与 AI 协同工作，把握其中的机遇，应对挑战。

1. 作为个人，要设立学习计划积极应对这一变革

通过深入了解 AI 技术，提升 AI 素养，敏锐捕捉机会，关注挑战以及保持终身学习的态度，可以更好地与 AI 协同工作，实现个人职业发展的飞跃。

（1）提升 AI 素养和技能。

①理解 AI 基础：掌握 AI 的基本概念、原理和应用场景。了解机器学习、深度学习、自然语言处理等核心技术。

②技能培训：参加在线课程、研讨会和工作坊，学习 AI 应用于工作流程、学习编程语言、数据分析等技能。

③实践项目：通过参与实际 AI 项目，比如开源项目或个人项目，将理论知识应用于实践中，积累经验。

（2）理解 AI 对行业的影响。

①行业研究：研究 AI 技术如何影响你所在或感兴趣的行业，包括业务流程、工作方式和就业趋势的变化。

②市场需求：关注由 AI 技术驱动的新兴职业和技能需求，如数据科学家、AI 算法工程师、AI 伦理专家等。

（3）培养适应性和终身学习的态度。

①适应性强化：培养适应新的 AI 技术、AIGC 工具和 AI 工作模式的能力。

②终身学习：树立终身学习的意识，持续更新知识和技能，以适应技术发展的快速变化。

（4）探索 AI 伦理和社会影响。

①科技伦理意识：理解 AI 技术的伦理问题，包括数据隐私、算法偏见和自动化带来的就业挑战。

②社会参与：参与讨论和活动，关注 AI 技术的社会影响，促进公平、包容和可持续的技术发展。

（5）发展软技能。

①团队协作：在 AI 项目中，跨学科团队合作日益重要。提升沟通、协作和解决问题的能力。

课堂笔记

②创新思维：培养创新思维和批判性思考，能够在 AI 技术的辅助下，提出创新的解决方案和产品。

2. 作为企业或组织，我们要将 AI 技术渗透到业务流程

在这场革命中，企业和组织必须认识到 AI 技术的广泛应用将深刻改变业务模式、优化工作流程、提高效率和创新能力，进而获得持续的竞争优势。

（1）认识 AI 革命的重要性。

首先，企业和组织需要认识到 AI 革命的重要性。AI 技术正在渗透到各个行业和领域，从制造业、金融业到医疗保健、零售等，都在经历着深刻的变革。企业和组织必须紧跟时代潮流，积极拥抱 AI 技术，才能在激烈的竞争中立于不败之地。

（2）制定 AI 战略。

其次，企业和组织需要制定自己的 AI 战略。这包括明确 AI 技术在业务中的定位、目标和实施路径，以及所需的资源投入和时间规划。通过制定具体的 AI 战略，企业和组织可以确保在 AI 技术的推动下，实现业务模式的创新和优化。

（3）培养 AI 人才。

AI 技术的广泛应用需要大量具备相关技能和经验的人才。因此，企业和组织需要重视 AI 人才的培养和引进。通过内部培训、外部招聘和合作等方式，培养和吸引一批具备 AI 技术、创新思维和跨界融合能力的优秀人才，为企业的 AI 战略提供有力支持。

（4）优化业务模式和流程。

AI 技术的应用可以帮助企业和组织实现业务模式和流程的优化。例如，通过大数据分析和机器学习技术，企业可以更准确地了解客户需求和市场趋势，从而制定更精准的市场营销策略；通过自动化和智能化技术，企业可以提高生产效率和降低成本；通过智能客服和智能推荐系统，企业可以提升客户体验和提高客户满意度。

（5）加强数据安全和隐私保护。

随着 AI 技术的广泛应用，数据安全和隐私保护问题也日益凸显。企业和组织需要加强对数据的保护和管理，确保数据的合法、合规和安全。同时，企业和组织还需要关注 AI 技术可能带来的伦理和社会问题，积极履行社会责任，推动 AI 技术的可持续发展。

（6）保持开放合作与创新精神。

面对 AI 技术的快速发展和变革，企业和组织需要保持开放合作与创新精神。通过与其他企业、研究机构、政府部门等合作，共同推动 AI 技术的研发和应用；通过鼓励内部创新、开展跨界合作等方式，激发企业的创新活力，为 AI 革命提供源源不断的动力。

课堂笔记

【任务实训】

应用 AIGC 落地工作全流程。

【任务描述】

基于前期学习的 AI 相关知识，找一个你擅长的领域，使用 AI 生成内容并落地到实际应用场景中，展示最终成果。

【任务分析】

AIGC 可以生成文案、图像、视频、数字人直播、构建虚拟模特、虚拟 VR 场景等，在商业应用中的作用主要体现在提高生产效率、降低成本、改善用户体验等方面。AIGC 还可以帮助企业更好地利用数据资源，提高决策效率和准确性。作为 ××× 行业从业者，请根据上述材料，设计命题并落地执行。选题可以参考：AIGC 在 ××× 行业工作中的应用，列出工作流程环节的内容。

【任务指导】

（1）构思 AIGC 应用场景。

（2）需要应用到哪些 AIGC 工具。

（3）整理整个工作流程，制作过程说明书，记录成任务实施清单，以 Word 文档存储，并保留制作源文件。

【任务实施】

AIGC 在 ××× 行业工作中的应用。

（1）构思 AIGC 应用场景，确定主题。

（2）AI 工具生成内容截图。

（3）制作成果输出。

【任务思考】

（1）在这个任务中应用了哪些 AI 工具？

（2）当 AI 工具解决了我们制作过程中的大部分事情，我们该如何提高自己的竞争力？

工具篇

扫描二维码，查看“AIGC 工具大合集”的更多拓展知识。

【项目完成评价表】

学生自评（40 分）				得分：
计分标准：A：9 分，B：7 分，C：5 分				
评价维度	评价指标	学生自评 要求 （A 掌握；B 基本掌握；C 未掌握）		
课堂参与度	线上互动活动完成度	A □	B □	C □
	线下课堂互动参与度	A □	B □	C □
	预习与资料查找	A □	B □	C □
	探究活动完成度	A □	B □	C □
作业质量	作业的完成度	A □	B □	C □
	作业的准确性	A □	B □	C □
	作业的创新性	A □	B □	C □
创作成果创新性	作品的专业水平	A □	B □	C □
	成果的实用性与商业价值	A □	B □	C □
	成果的创新性与市场潜力	A □	B □	C □

课堂笔记

续表

<table>
<tr><td>评价维度</td><td>评价指标</td><td colspan="3">学生自评
要求
（A 掌握；B 基本掌握；C 未掌握）</td></tr>
<tr><td rowspan="3">职业道德思想意识</td><td>爱岗敬业、认真严谨</td><td>A □</td><td>B □</td><td>C □</td></tr>
<tr><td>遵纪守法、遵守职业道德</td><td>A □</td><td>B □</td><td>C □</td></tr>
<tr><td>顾全大局、团结合作</td><td>A □</td><td>B □</td><td>C □</td></tr>
<tr><td colspan="3">教师评价（60 分）</td><td colspan="2">得分：</td></tr>
<tr><td>教师评语</td><td colspan="4"></td></tr>
<tr><td>总成绩</td><td></td><td>教师签字</td><td colspan="2"></td></tr>
<tr><td colspan="5">注：学生自评部分，学生需根据自身情况填写自测结果，并遵循评价要求。</td></tr>
</table>

参考文献

[1] 韩泽耀，袁兰，郑妙韵 . AIGC 从入门到实战：ChatGPT+Midjourney+Stable Diffusion+ 行业应用 [M]. 北京：人民邮电出版社 . 2023.

[2] 李白杨，白云，詹希旎，等 . 人工智能生成内容（AIGC）的技术特征与形态演进 [J]. 图书情报知识，2023.

[3] 吴冠军 . 从 Midjourney 到 Sora：生成式 AI 与美学革命 [J/OL]. 阅江学刊 .https://mp.weixin.qq.com/s/LGG-yv3b9nh1eyFHlKwpaQ.

[4] McKinsey&Company. 麦肯锡报告：2023 生成式人工智能的经济潜力研究 [R]. 美国纽约 . 管理咨询公司麦肯锡，2023.

[5] 艾媒咨询 . 2024 年中国 AI 电商行业研究报告 [R]. 广州：艾媒咨询，2024.

[6] 朱珺，周钊 . 虚拟数字人行业专题研究 [R]. 上海：华泰证券，2023.

[7] 艾瑞咨询 . 2024 年 AIGC+ 教育行业报告 [R/OL]. 四川：艾瑞咨询，2024.https://baijiahao.baidu.com/s?id=1790048792274193945&wfr=spider&for=pc.

[8] 麒麟出海 . 2023 年亚马逊全球开店跨境峰会开幕 [Z/OL]. 广州：搜狐麒麟出海，2023. https://www.sohu.com/a/743793650_121824962.

[9] 艾媒咨询 . 2023 年中国 AIGC 行业发展研究报告 [R]. 广州：艾媒咨询，2023.

[10] 伍如是 . 月之暗面让国内大厂焦虑了 [Z/OL]. 广州：南风窗，2024. https://new.qq.com/rain/a/20240415A0318G00.